中等职业教育规划教材

公差配合与技术测量

主　编　迟传兴　唐圣辉
副主编　芮玉琴　周清香　管　其　睢雪亮　袁喜昌
参　编　江贤勇　章银照　熊家迎　罗志祥　方　彪
　　　　胡　欢　徐先琴

中国人民大学出版社
·北京·

图书在版编目（CIP）数据

公差配合与技术测量/迟传兴，唐圣辉主编. —北京：中国人民大学出版社，2015.5
中等职业教育规划教材
ISBN 978-7-300-21120-6

Ⅰ.①公…　Ⅱ.①迟…　②唐…　Ⅲ.①公差-配合-中等专业学校-教材　②技术测量-中等专业学校-教材　Ⅳ.①TG801

中国版本图书馆 CIP 数据核字（2015）第 075142 号

中等职业教育规划教材
公差配合与技术测量
主　编　迟传兴　唐圣辉
副主编　芮玉琴　周清香　管　其　睢雪亮　袁喜昌
参　编　江贤勇　章银照　熊家迎　罗志祥　方　彪　胡　欢　徐先琴
Gongcha Peihe yu Jishu Celiang

出版发行　中国人民大学出版社
社　　址　北京中关村大街 31 号　　**邮政编码**　100080
电　　话　010－62511242（总编室）　　010－62511770（出版部）
010－82501766（邮购部）　　010－62514148（门市部）
010－62515195（发行公司）　　010－62515275（盗版举报）
网　　址　http://www.crup.com.cn
经　　销　新华书店
印　　刷　运河（唐山）印务有限公司
开　　本　787 mm×1092 mm　1/16　　**版　　次**　2015 年 5 月第 1 版
印　　张　9　　**印　　次**　2023 年 8 月第 5 次印刷
字　　数　170 000　　**定　　价**　25.80 元

前　言

党的二十大报告指出，教育、科技、人才是全面建设社会主义现代化国家的基础性、战略性支撑。教育是国之大计、党之大计。职业教育是我国教育体系的重要组成部分，肩负着“为党育人、为国育才”的神圣使命。本教材以习近平新时代中国特色社会主义思想为指导，深入贯彻落实党的二十大精神，将思想道德建设与专业素质培养融为一体，着力培养爱党爱国、敬业奉献，具有工匠精神的高素质技能人才。

本书以《中等职业学校专业教学标准（试行）》为依据，结合示范校课程改革的需要，根据中等职业学校教学和学生实际编写，以构建“三级课程体系”，满足机械加工技术专业教学的需求，培养技术技能型人才，更好地服务经济建设。

本书可分为三大部分，即公差配合、技术测量与常用零件的公差配合与测量。其中，公差配合部分主要讲述了尺寸公差与配合、形位公差、表面粗糙度的相关知识；技术测量部分主要讲述了检测技术基础、常用量具、三大公差配合的测量的相关知识；常用零件的公差配合与测量部分主要讲述了圆锥的公差配合与键连接的测量，滚动轴承的公差与配合，普通螺纹的公差与测量的相关知识。

本书内容全面，理论与实践并重，严格遵照职业教育教学规律，突出职业技能培养，为全面提高学生的综合素质和就业、创业能力奠定了良好基础。本书采用项目式教学，图文并茂，在编写过程中，力求使教材内容涵盖国家相关职业标准的知识和技能要求。

本书在编写过程得到了各级领导的高度重视和行业、企业专家的精心指导，在此一并表示感谢！

由于编写时间仓促，编者水平有限，书中难免有疏漏和不足之处，恳请读者批评指正。

目　录

第一部分　公差配合

第二部分　技术测量

第三部分　常用零件的公差配合与测量

绪　论

学习目标

1. 掌握互换性的概念。
2. 了解标准化的意义。
3. 了解本课程的性质和任务。

任务实施

任务一　互换性

一、互换性的概念

在日常生活中，经常会遇到零件互换的情况，例如，机器、汽车、拖拉机、自行车上的零件坏了，只要换上相同型号的零件就能正常运转，而不必考虑生产厂家，之所以这样方便，就是因为这些零（部）件具有互相替换的性能。要实现专业化生产，就必须采用互换性原则。

在机械工业中，互换性是指在同一规格的一批零件或部件中，任取其一，不需要任何挑选或附加修配（如钳工修配）就能装在机器上，达到规定的功能要求。这样的一批零件或部件就称为具有互换性的零件或部件。

二、互换性的分类

零件的互换性按互换的程度可分为完全互换性和不完全互换性两种。

1. 完全互换性

若零部件在装配或更换时，不经挑选、调整或修配，装配后即能满足预定要求，这样的零部件就具有完全互换性。

2. 不完全互换性

若零部件在装配或更换时，允许有附加选择或附加调整，但不允许修配，装配后能够满足预定要求，这样的零部件具就有不完全互换性。

在单件生产的机器中（特重型、特高精度的仪器），往往采用不完全互换。这是因为在这种情况下，完全互换将导致加工困难（甚至无法加工）或制造成本过高。为此，生产中往往把零部件的精度适当降低，以便于制造。然后再根据实测尺寸的大小，将制成的相配零部件分成若干组。使每组内的零部件尺寸差别比较小。最后再把相应组的零部件进行装配。这样既解决了零部件的加工困难，又保证了装配的精度要求。

三、互换性的作用

1. 在设计方面

零部件具有互换性，就可以最大限度地采用标准件、通用件，大大简化了绘图和计算工作，缩短了设计周期，有利于计算机辅助设计和产品品种多样化。

2. 在制造方面

互换性有利于组织专业化生产，有利于采用先进工艺和高效率的专用设备，有利于计算机辅助制造，有利于实现加工过程和装配过程的机械化、自动化，从而提高劳动生产率和产品质量，降低生产成本。

3. 在使用和维修方面

具有互换性的零部件在磨损及损坏后可及时更换，减少了机器的维修时间和费用，保证了机器的连续运转，从而提高了机器的使用价值。

综上所述，互换性是现代化生产的基本技术经济原则，可以提高生产率，缩短维修时间，降低生产成本等，有利于专业化大生产，在机器的制造与使用中具有重要作用。

任务二　标准化与技术测量

一、标准化

标准即技术上的法规，标准经主管部门颁布生效后，就具有一定的法制性，不得擅自修改或拒不执行。为了保证基层标准与上级标准的统一、协调，我国标准分为国家标准、部颁标准和企业标准。

标准化包括制定标准与贯彻标准两方面内容。标准化水平是一个国家科技与经济发展水平的反映，也是衡量一个国家企业管理水平高低的重要指标。我国自 1959 年起，陆续制定了各种国家标准，如公差与配合、机械制图、螺纹、齿轮、表面粗糙度、形状与位置公差等。1978 年我国正式加入国际标准化组织。之后，原国家标准局统一部署，有计划、有步骤地对旧的基础标准进行了多次修订。进入 21 世纪后，国家又颁布了许多新标准，以尽快适应国际贸易、技术和经济的交流。

二、技术测量

已加工好的零件是否满足公差要求，要通过技术测量及检测来判断。在机械制造中，加工与测量是相互依存的，如果只规定零部件公差，而缺乏相应的检测措施，则互换性生产是不可能实现的。因此，会正确地选择、使用测量工具是制造和检测的基本要求，也是必须掌握的技能。检测不仅用于评定零件合格与否，也常用于分析零件不合格的原因，以便及时调整生产工艺，预防废品产生。因此，技术测量措施是实现互换性的一个必备条件。

科学技术的迅猛发展为技术测量的现代化创造了条件，长度计量器具的精度已由 0.01mm 级提高到 0.001mm 级，有的甚至提高到 0.000 1mm 级；测量空间已由二维空间发展到三维空间。测量的自动化程度已由人工读数测量发展到计算机数据处理，电子测量则已从独立的单台手工操作向大规模自动测试系统发展。

任务三　本课程的性质和任务

“公差配合与技术测量”是中等职业院校机械大类专业必修的一门重要的专业技术基础课程，是学生学习专业技术基础课向专业课过渡的桥梁。它在机械专业教学计划中起着承上启下的作用。

通过本课程的教学，使学生熟练掌握公差与配合的基本术语和基本方法，熟悉形位公差代号和表面粗糙度代号及标注的含义，掌握常用量具、量仪的结构和使用方法，合理地解决产品使用要求与制造工艺之间的矛盾，并能根据不同零件选用适当的计量器具进行测量。

【小结】

互换性在现代工业制造中具有重要意义，国家制定了公差标准以实现互换性生产。合理适用公差和正确进行检测是保证产品质量、实现互换性生产的两个必备的条件和手段。标准化是现代化生产的重要手段之一。

【练习题】

1．简述互换性的概念。

2．生产中常用的互换有哪几种？采用不完全互换的条件和意义是什么？

3．简述标准化的重要意义。

第一部分

公差配合

项目一　尺寸公差与配合

学习目标

1. 理解孔、轴、尺寸、偏差、公差、配合等基本术语及定义。
2. 熟练掌握孔、轴极限尺寸与配合。
3. 了解标准公差系列和基本偏差系列。
4. 掌握孔、轴的常用公差带和优先常用配合。
5. 掌握基准制、标准公差等级和配合种类的选择。

任务实施

任务一　公差与配合的术语及定义

一、孔

孔通常是指工件的圆柱形内表面，也包括非圆柱形内表面（由两个平行平面或切面形成的包容面）。如图 1—1—1 所示。

孔的特点：

（1）零件装配后孔为包容面。

（2）在加工过程中，孔的尺寸由小变大。

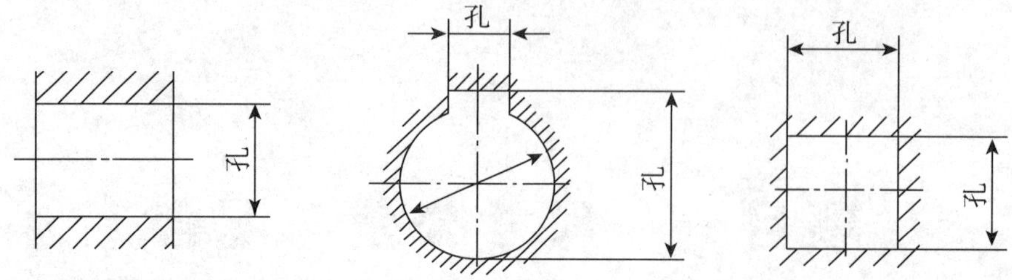

(a) (b) (c)

图 1—1—1 孔

二、轴

轴通常指工件的圆柱形外表面，也包括非圆柱形外表面（由两个平行平面或切面形成的被包容面）。如图 1—1—2 所示。

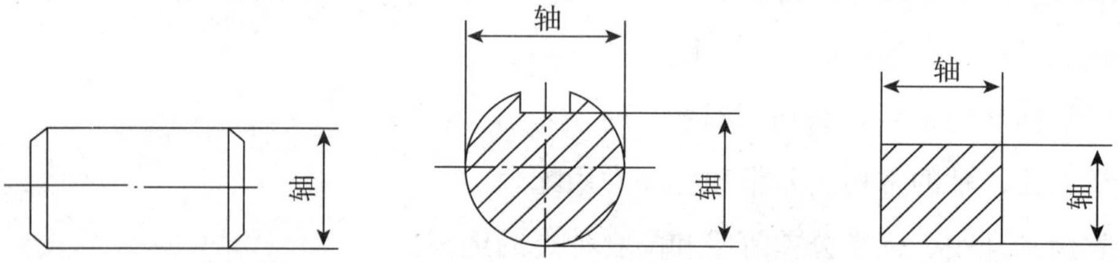

(a) (b) (c)

图 1—1—2 轴

轴的特点：

（1）零件装配后轴为被包容面。

（2）在加工过程中，轴的尺寸由大变小。

三、尺寸

尺寸是指用特定单位表示线性尺寸值的数值。

尺寸表示长度的大小，由数字和长度单位组成，包括直径、长度、宽度、高度、厚度以及中心距等，图样上标注尺寸时常以 mm 为单位，这时只标数字，省去单位。当采用其他单位时，必须标注单位。

1. 基本尺寸（*D*，*d*）

基本尺寸是根据使用要求，通过强度、刚度等方面的计算或结构的需要而确定的。通常大写字母表示孔，小写字母表示轴。

2. 实际尺寸（D_a，d_a）

通过测量获得的尺寸称为实际尺寸。实际尺寸用两点法测量。由于测量误差是客观存在的，所以实际尺寸不是尺寸真值。

3. 极限尺寸（D_{max}　D_{min}，d_{max}　d_{min}）

极限尺寸是一个孔或轴允许的尺寸的两个极端。

孔或轴允许的最大尺寸称为上极限尺寸（D_{max}，d_{max}）；孔或轴允许的最小尺寸称为下极限尺寸（D_{min}，d_{min}）。极限尺寸是根据设计要求以基本尺寸为基础确定的，是用来控制实际尺寸变动范围的，实际尺寸如果小于等于上极限尺寸，大于等于下极限尺寸，则零件合格。

四、偏差

偏差是某一尺寸减其基本尺寸所得的代数差。偏差可能是正、负或零，书写或标注时，正、负号或零都要标注。

1. 实际偏差

实际偏差是实际尺寸减其基本尺寸所得的代数差。实际尺寸可能大于、小于或等于基本尺寸，因此，实际偏差可能是正、负或零。

2. 极限偏差

极限偏差是极限尺寸减去基本尺寸所得的代数差。

轴的上、下极限偏差代号分别用小写字母 es、ei 表示，孔的上、下极限偏差代号分别用大写字母 ES、EI 表示。

（1）上极限偏差（ES，es）：最大极限尺寸减去基本尺寸所得的代数差。

$$ES = D_{max} - D \qquad es = d_{max} - d$$

（2）下极限偏差（EI，ei）：最小极限尺寸减去基本尺寸所得的代数差。

$$EI = D_{min} - D \qquad ei = d_{min} - d$$

国标规定：在图样上和技术文件上标注极限偏差数值时，上偏差标在基本尺寸的右上角，下偏差标在基本尺寸的右下角。特别要注意的是，当偏差为零值时，必须在相应的位置上标注“0”，而不能省略。如 $\varphi20^{+0.006}_{0}$；当上、下偏差数值相等且符号相反时，可简化标注，如 $\varphi20\pm0.013$。

例 1—1—1 求标注为 $\varphi20^{+0.006}_{-0.020}$孔的上下极限尺寸。

解：上极限尺寸：$D_{max}=[\varphi20+(+0.006)]\text{mm}=\varphi20.006\text{mm}$

下极限尺寸：$D_{min}=[\varphi20+(-0.020)]\text{mm}=\varphi19.980\text{mm}$

3. 基本偏差

基本偏差是指用以确定公差带相对于零线位置的上偏差或下偏差，一般是指靠近零线的那个偏差。基本偏差用拉丁字母表示。大写字母代表孔，小写字母代表轴。当公差带在零线上方时，基本偏差为下偏差；当公差带在零线下方时，基本偏差为上偏差。

五、尺寸公差（简称公差）

1. 公差

公差是最大极限尺寸减最小极限尺寸之差，或上偏差减下偏差之差。它是允许尺寸的变动量。公差是控制误差的，加工误差是不可避免的，所以公差应该大于零（负公差、零公差没有意义）。

孔的公差：$T_h=|D_{\max}-D_{\min}|=|ES-EI|$

轴的公差：$T_s=|d_{\max}-d_{\min}|=|es-ei|$

从使用角度和加工的角度考虑，公差与偏差是两个不同的概念。公差表示制造精度的要求，反映加工难易程度，基本尺寸相同，公差值越大，工件精度越低，越容易加工，反之，工件精度高，难加工。偏差表示与基本尺寸偏离的程度，它表示公差带的位置，影响配合的松紧，从工艺看，一般不反映加工难易程度，只表示加工时机床的调整位置（如车削时进刀位置）。

2. 尺寸公差带

尺寸公差带是指在公差带图解中，由代表上极限偏差和下极限偏差或最大极限尺寸和最小极限尺寸的两条直线所限定的一个区域。公差带的图解方式称为公差带图，公差带是由公差大小和其相对零线位置的基本偏差来确定。公差带包括大小、位置两个因素。其中，公差带的大小由公差值决定；位置由基本偏差决定。

绘制公差带图时，首先画出一条水平的零线（零线是代表基本尺寸并确定偏差位置的一条直线，即零偏差线），在其左端标上“0、＋、－”号，在零线的左下方画出带箭头的基本尺寸线，并标出基本尺寸。正偏差位于零线的上方，负偏差位于零线的下方，偏差为零时与零线重合。根据上偏差和下偏差的大小，按适当的比例画出平行于零线的两条直线，公差带沿零线方向的长度可适当选取。为了区分孔、轴公差带，孔的公差带打剖面线，轴的公差带涂黑，并标出其上下偏差。如图1—1—3所示。

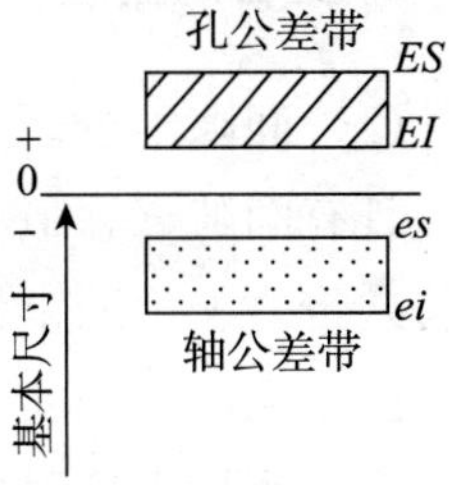

图 1—1—3　公差带图

例 1—1—2　已知轴 $\varphi 20^{-0.010}_{-0.026}$，求其尺寸公差。

解：$d_{max}=d+es=(20-0.010)mm=19.990mm$

$d_{min}=d+ei=(20-0.026)mm=19.974mm$

$T_s=|d_{max}-d_{min}|=|19.990-19.974|mm=0.016mm$

或：$T_s=|es-ei|=|-0.010-(-0.026)|mm=0.016mm$

例 1—1—3　求孔 $\varphi 60^{+0.220}_{+0.100}$的尺寸公差。

解：$D_{max}=D+ES=60mm+0.220mm=60.220mm$

$D_{min}=D+EI=60mm+0.100mm=60.100mm$

$T_h=|D_{max}-D_{min}|=|60.220-60.100|mm=0.120mm$

或：$T_h=|ES-EI|=|+0.220-0.100|mm=0.120mm$

六、配合

配合是指基本尺寸相同的相互结合的孔和轴的公差带之间的关系。

配合的定义说明相配合的孔和轴的公称尺寸必须相同，而相互结合的孔和轴公差带之间的不同关系决定了孔和轴配合的松紧程度，也决定了孔和轴的配合性质。

1. 间隙和过盈

间隙（*X*）：孔的尺寸减去相配合的轴的尺寸之差为正值时称为间隙。以符号“*X*”表示，值前加“＋”号。

过盈（*Y*）：孔的尺寸减去相配合的轴的尺寸之差为负值时称为过盈，以符号“*Y*”表示，值前加“－”号。

2. 配合的类型

（1）间隙配合。

具有间隙（含最小间隙等于零）的配合称为间隙配合。配合特点：孔的公差带位于轴的公差带之上，通常指孔大、轴小的配合。

由于孔、轴的实际尺寸允许在各自的公差带内变动，所以孔、轴配合的间隙也是变动的。当孔为最大极限尺寸而轴为最小极限尺寸时，装配后的孔、轴为最松的配合状态，称为最大间隙 X_{max}；当孔为最小极限尺寸而轴为最大极限尺寸时，装配后的孔、轴为最紧的配合状态，称为最小间隙 X_{min}。如图 1—1—4 所示。

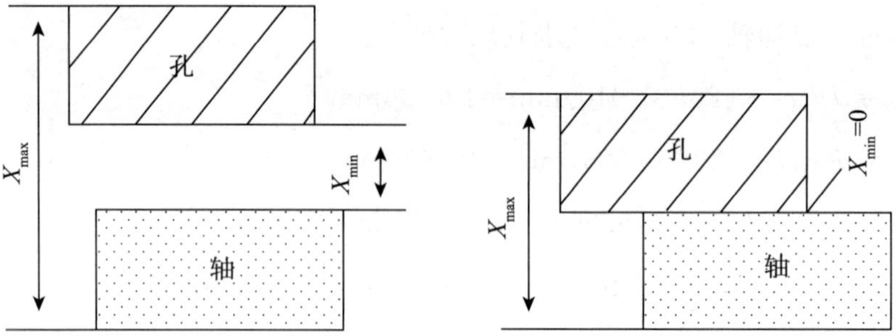

图 1—1—4　间隙配合

计算公式为：

$$X_{max}=D_{max}-d_{min}=ES-ei$$
$$X_{min}=D_{min}-d_{max}=EI-es$$

（2）过盈配合。

具有过盈（包括最小过盈等于零）的配合称为过盈配合。此时，孔的公差带在轴的公差带之下。在过盈配合中，孔的最大极限尺寸减轴的最小极限尺寸所得的差值为最小过盈 Y_{min}，是孔、轴配合的最松状态；孔的最小极限尺寸减轴的最大极限尺寸所得的差值为最大过盈 Y_{max}，是孔、轴配合的最紧状态。如图 1—1—5 所示。

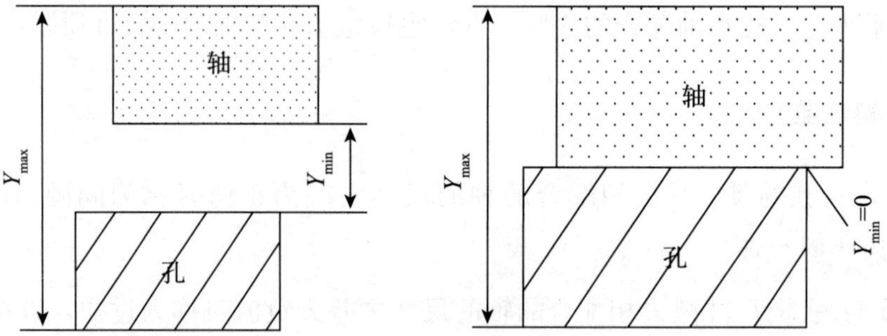

图 1—1—5　过盈配合

计算公式为：

$$Y_{min}=D_{max}-d_{min}=ES-ei$$

$$Y_{max}=D_{min}-d_{max}=EI-es$$

（3）过渡配合。

可能具有间隙或过盈的配合称为过渡配合。此时，孔的公差带与轴的公差带交叠。孔的最大极限尺寸减轴的最小极限尺寸所得的差值为最大间隙 X_{max}，是孔、轴配合的最松状态；孔的最小极限尺寸减轴的最大极限尺寸所得的差值为最大过盈 Y_{max}，是孔、轴配合的最紧状态。如图 1—1—6 所示。

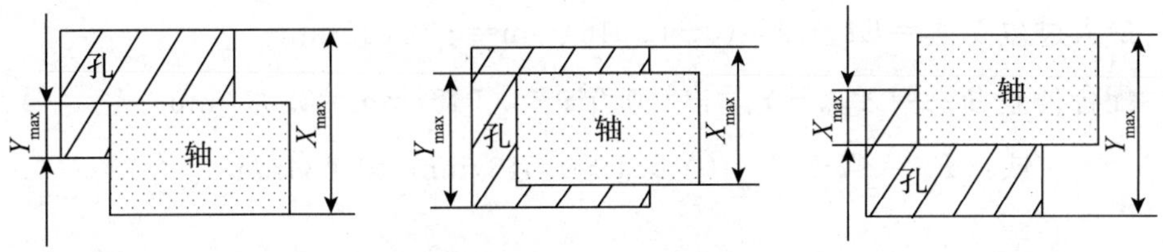

图 1—1—6　过渡配合

七、配合公差

组成配合的孔、轴公差之和称为配合公差，它是允许间隙或过盈的变动量。配合公差的大小反映了配合精度的高低。对一具体的配合，配合公差越大，配合时形成的间隙或过盈的变化量就越大，配合后松紧变化程度就越大，配合精度就越低。反之，配合精度高。因此要想提高配合精度，就要减小孔、轴的尺寸公差。

在间隙配合中，$T=|X_{max}-X_{min}|$

在过盈配合中，$T=|Y_{min}-Y_{max}|\quad =T_h+T_s$

在过渡配合中，$T=|X_{max}-Y_{max}|$

配合公差完全在零线以上的为间隙配合；配合公差完全在零线以下的为过盈配合；跨在零线上、下两侧的为过渡配合。配合公差带两端的坐标值代表极限间隙或极限过盈，上下两端之间的距离为配合公差值。

例 1—1—4　求下列三种孔、轴配合的极限间隙或过盈、配合公差。

（1）孔 $\varphi 20^{+0.021}_{0}$ 与轴 $\varphi 20^{-0.020}_{-0.033}$ 相配合。

（2）孔 $\varphi 20^{+0.021}_{0}$ 与轴 $\varphi 20^{+0.041}_{+0.028}$ 相配合。

（3）孔 $\varphi 20^{+0.021}_{0}$ 与轴 $\varphi 20^{+0.015}_{+0.002}$ 相配合。

解：(1) 最大间隙 $X_{max}=ES-ei=[+0.021-(-0.033)]mm=+0.054mm$

最小间隙 $X_{min}=EI-es=[0-(-0.020)]mm=+0.020mm$

配合公差 $T_f=|X_{max}-X_{min}|=|0.054-0.020|mm=0.034mm$

或：$T_f=T_h+T_s=(0.021+0.013)mm=0.034mm$

(2) 最小过盈 $Y_{min}=ES-ei=(+0.021-0.028)mm=-0.007mm$

最大过盈 $Y_{max}=EI-es=(0-0.041)mm=-0.041mm$

配合公差 $T_f=|Y_{min}-Y_{max}|=|-0.007+0.041|mm=0.034mm$

或：$T_f=T_h+T_s=(0.021+0.013)mm=0.034mm$

(3) 最大间隙 $X_{max}=ES-ei=(+0.021-0.002)mm=+0.019mm$

最大过盈 $Y_{max}=EI-es=(0-0.015)mm=-0.015mm$

配合公差 $T_f=|X_{max}-Y_{max}|=|0.019+0.015|mm=0.034mm$

或：$T_f=T_h+T_s=(0.021+0.013)mm=0.034mm$

任务二　标准公差与基本偏差系列

一、标准公差系列

为实现互换性和满足各种使用要求，公差值必须标准化，标准公差值是由国家标准统一规定的。

1. 标准公差值

公差值的大小与公差等级及基本尺寸有关。公差等级是确定尺寸精确程度的等级。标准公差共分 20 级：IT01、IT0、IT1、IT2…IT18。

其中，IT 是国际标准公差（ISO Tolerance）的缩写代号；IT7 表示标准公差 7 级。从 IT01 至 IT18，公差等级依次降低，相应的标准公差数值依次增大。

2. 标准公差值的计算

标准公差值的计算公式见表 1—2—1。

表 1—2—1　　尺寸不大于 500mm 的标准公差计算公式

公差等级	公式	公差等级	公式
IT01	$0.3+0.008D$	IT9	$40i$
IT0	$0.5+0.012D$	IT10	$64i$
IT1	$0.8+0.02D$	IT11	$100i$
IT2	$(IT1)(IT5/IT1)^{1/4}$	IT12	$160i$
IT3	$(IT1)(IT5/IT1)^{2/4}$	IT13	$250i$
IT4	$(IT1)(IT5/IT1)^{3/4}$	IT14	$400i$
IT5	$7i$	IT15	$640i$
IT6	$10i$	IT16	$1000i$
IT7	$16i$	IT17	$1600i$
IT8	$25i$	IT18	$2500i$

当尺寸≤500mm 时，$i=0.45\sqrt[3]{D}+0.001D$。计算得出的公差数值的尾数要经过科学的圆整，从而编制出标准公差数值表，见表 1—2—2。

表 1—2—2 中所列的是标准公差等级从 IT1 到 IT18、公称尺寸至 3 150mm 的标准公差数值，标准公差等级 IT01 和 IT0 在工业上很少用到，因而将其数值列入了 GB/T 1800.1—2009 的附录中，见表 1—2—3。在实际生产中，确定零件的尺寸公差时，应尽量从表 1—2—2 中选取标准公差。

表 1—2—2　　公称尺寸至 3 150mm 的标准公差数值

公称尺寸/mm		标准公差等级																	
		IT1	IT2	IT3	IT4	IT5	IT6	IT7	IT8	IT9	IT10	IT11	IT12	IT13	IT14	IT15	IT16	IT17	IT18
大于	至	μm											mm						
—	3	0.8	1.2	2	3	4	6	10	14	25	40	60	0.1	0.14	0.25	0.4	0.6	1	1.4
3	6	1	1.5	2.5	4	5	8	12	18	30	48	75	0.12	0.18	0.3	0.48	0.75	1.2	1.8
6	10	1	1.5	2.5	4	6	9	15	22	36	58	90	0.15	0.22	0.36	0.58	0.9	1.5	2.2
10	18	1.2	2	3	5	8	11	18	27	43	70	110	0.18	0.27	0.43	0.7	1.1	1.8	2.7
18	30	1.5	2.5	4	6	9	13	21	33	52	84	130	0.21	0.33	0.52	0.84	1.3	2.1	3.3
30	50	1.5	2.5	4	7	11	16	25	39	62	100	160	0.25	0.39	0.62	1	1.6	2.5	3.9
50	80	2	3	5	8	13	19	30	46	74	120	190	0.3	0.46	0.74	1.2	1.9	3	4.6
80	120	2.5	4	6	10	15	22	35	54	87	140	220	0.35	0.54	0.87	1.4	2.2	3.5	5.4
120	180	3.5	5	8	12	18	25	40	63	100	160	250	0.4	0.63	1	1.6	2.5	4	6.3
180	250	4.5	7	10	14	20	29	46	72	115	185	290	0.46	0.72	1.15	1.85	2.9	4.6	7.2
250	315	6	8	12	16	23	32	52	81	130	210	320	0.52	0.81	1.3	2.1	3.2	5.2	8.1
315	400	7	9	13	18	25	36	57	89	140	230	360	0.57	0.89	1.4	2.3	3.6	5.7	8.9
400	500	8	10	15	20	27	40	63	97	155	250	400	0.63	0.97	1.55	2.5	4	6.3	9.7
500	630	9	11	16	22	32	44	70	110	175	280	440	0.7	1.1	1.75	2.8	4.4	7	11
630	800	10	13	18	25	36	50	80	125	200	320	500	0.8	1.25	2	3.2	5	8	12.5
800	1 000	11	15	21	28	40	56	90	140	230	360	560	0.9	1.4	2.3	3.6	5.6	9	14
1 000	1 250	13	18	24	33	47	66	105	165	260	420	660	1.05	1.65	2.6	4.2	6.6	10.5	16.5
1 250	1 600	15	21	29	39	55	78	125	195	310	500	780	1.25	1.95	3.1	5	7.8	12.5	19.5
1 600	2 000	18	25	35	46	65	92	150	230	370	600	920	1.5	2.3	3.7	6	9.2	15	23
2 000	2 500	22	30	41	55	78	110	175	280	440	700	1 100	1.75	2.8	4.4	7	11	17.5	28
2 500	3 150	26	36	50	68	96	135	210	330	540	860	1 350	2.1	3.3	5.4	8.6	13.5	21	33

表 1—2—3　　IT01 和 IT0 的标准公差数值

公称尺寸/mm		标准公差等级		公称尺寸/mm		标准公差等级	
		IT01	IT0			IT01	IT0
大于	至	公差/μm		大于	至	公差/μm	
—	3	0.3	0.5	80	120	1	1.5
3	6	0.4	0.6	120	180	1.2	2
6	10	0.4	0.6	180	250	2	3
10	18	0.5	0.8	250	315	2.5	4
18	30	0.6	1	315	400	3	5
30	50	0.6	1	400	500	4	6
50	80	0.8	1.2				

3. 公称尺寸分段

标准公差数值不仅与公差等级有关，还与公称尺寸有关。在实际生产中，应用的公差尺寸是很多的，若每一个公称尺寸都对应一个公差值，就会形成一个庞大的公差数值表，既不利于实现标准化，又增加了实际生产的困难。因此，GB/T 1800.1—2009 对公称尺寸进行了分段。

表 1—2—4 中把公差尺寸分为主段落和中间段落，主段落用于标准公差中的基本尺寸分段，中间段落用于基本偏差中的公称尺寸分段，见表 1—2—4。

考虑到公称尺寸的因素，不能只以公差数值的大小来判断零件精度的高低，而应以公差等级作为判断的依据。

表 1—2—4　　公差尺寸的分段

主段落		中间段落		主段落		中间段落	
大于	至	大于	至	大于	至	大于	至
—	3	无细分段		250	315	250 280	280 315
3	6			315	400	315 355	355 400
6	10						
10	18	10 14	14 18	400	500	400 450	450 500
18	30	18 24	24 30	500	630	500 560	560 630
30	50	30 40	40 50	630	800	630 710	710 800
50	80	50 65	65 80	800	1 000	800 900	900 1 000

续前表

主段落		中间段落	
大于	至	大于	至
80	120	80	100
		100	120
120	180	120	140
		140	160
		160	180
180	250	180	200
		200	225
		225	250

主段落		中间段落	
大于	至	大于	至
1 000	1 250	1 000	1 120
		1 120	1 250
1 250	1 600	1 250	1 400
		1 400	1 600
1 600	2 000	1 600	1 800
		1 800	2 000
2 000	2 500	2 000	2 240
		2 240	2 500
2 500	3 150	2 500	2 800
		2 800	3 150

二、基本偏差系列

1. 基本偏差的定义

在极限与配合制中，确定公差带相对零线位置的那个极限偏差称为基本偏差，它可以是上极限偏差或下极限偏差，通常是指靠近零线的那个偏差。

2. 基本偏差的代号

基本偏差代号用拉丁字母表示，大写代表孔的基本偏差，小写代表轴的基本偏差。孔和轴的基本偏差代号见表 1—2—5。

表 1—2—5　　孔和轴的基本偏差代号

孔	A	B	C	D	E	F	G	H	J	K	M	N	P	R	S	T	U	V	X	Y	Z			
			CD			EF	FG		JS													ZA	ZB	ZC
轴	a	b	c	d	e	f	g	h	j	k	m	n	p	r	s	t	u	v	x	y	z			
			cd			ef	fg		js													za	zb	zc

3. 基本偏差系列图

为满足各种不同配合的需要，并满足生产标准化的要求，必须设置若干基本偏差并将其标准化。标准化的基本偏差可组成基本偏差系列。如图 1—2—1 所示。

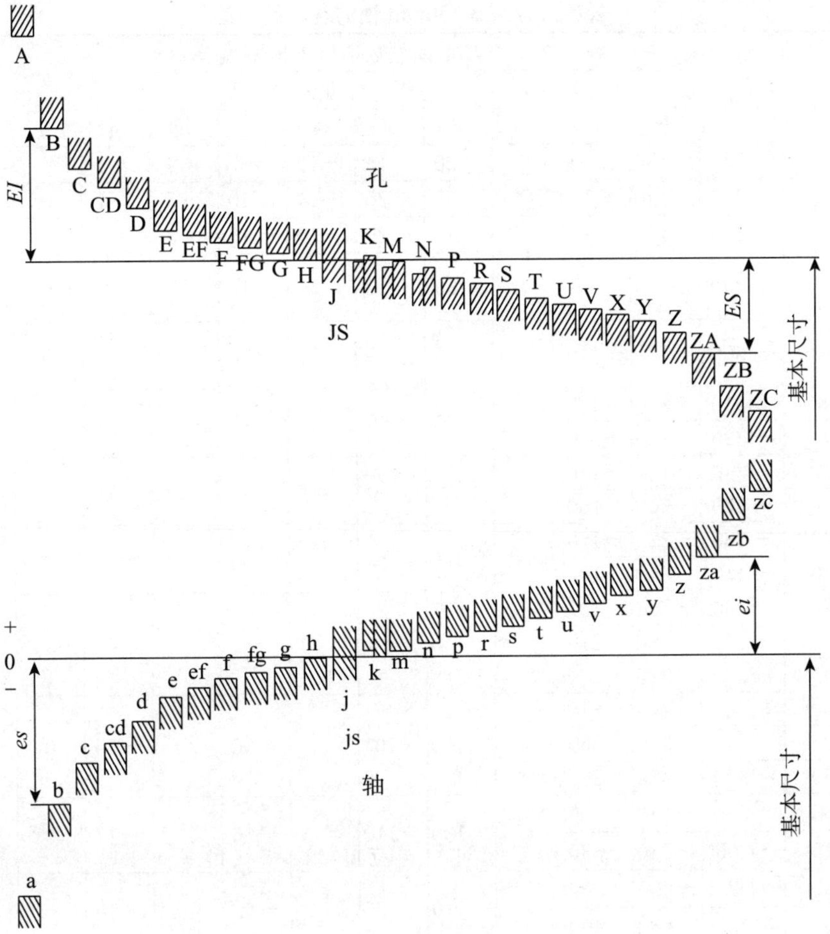

图 1—2—1　基本偏差系列图

4. 基本偏差的特点

从基本偏差系列图 1—2—1 中可以看出：

（1）孔与轴同字母的基本偏差、基本相对零线呈对称分布。

轴：a 至 h 基本偏差为上偏差 *es*，h 的上偏差为零，其余均为负值，绝对值依次逐渐减小；j 至 zc 基本偏差为下偏差 *ei*，除 j 和 k 的部分外都为正值，其绝对值依次逐渐增大。

孔：A 至 H 基本偏差为下偏差 *EI*，J 至 ZC 为上偏差 *ES*。

（2）代号 JS 和 js，在各公差等级中完全对称。

（3）代号 K、k、N，它们随公差等级不同而有两种基本偏差数据值；M 有三种不同的情况（正值、负值或零值）。

（4）在基本偏差系列图中，公差带的另一端取决于公差等级和这位基本偏差的组合。

在国标中，对轴、孔的基本偏差数值作了基本的规定，并将这些基本偏差数值列为轴、孔的基本偏差表，见表 1—2—6、表 1—2—7。

表 1—2—6　　　　公称尺寸至 3 150mm 轴的基本偏差值　　　　单位：μm

基本尺寸（mm）		基本偏差数值（上极限偏差 *es*）											
		所有标准公差等级											
大于	至	a	b	c	cd	d	e	ef	f	fg	g	h	js
—	3	−270	−140	−60	−34	−20	−14	−10	−6	−4	−2	0	
3	6	−270	−140	−70	−46	−30	−20	−14	−10	−6	−4	0	
6	10	−280	−150	−80	−56	−40	−25	−18	−13	−8	−5	0	
10	14	−290	−150	−95		−50	−32		−16		−6	0	
14	18												
18	24	−300	−160	−110		−65	−40		−20		−7	0	
24	30												
30	40	−310	−170	−120		−80	−50		−25		−9	0	
40	50	−320	−180	−130									
50	65	−340	−190	−140		−100	−60		−30		−10	0	
65	80	−360	−200	−150									
80	100	−380	−220	−170		−120	−72		−36		−12	0	
100	120	−410	−240	−180									
120	140	−460	−260	−200		−145	−85		−43		−14	0	
140	160	−520	−280	−210									
160	180	−580	−310	−230									
180	200	−660	−340	−240		−170	−100		−50		−15	0	
200	225	−740	−380	−260									
225	250	−820	−420	−280									
250	280	−920	−480	−300		−190	−110		−56		−17	0	
280	315	−1 050	−540	−330									
315	355	−1 200	−600	−360		−210	−125		−62		−18	0	偏差 $=\pm\frac{IT_n}{2}$，IT_n 为 IT 值数
355	400	−1 350	−680	−400									
400	450	−1 500	−760	−440		−230	−135		−68		−20	0	
450	500	−1 650	−840	−480									
500	560					−260	−145		−76		−22	0	
560	630												
630	710					−290	−160		−80		−24	0	
710	800												
800	900					−320	−170		−86		−26	0	
900	1 000												
1 000	1 120					−350	−195		−98		−28	0	
1 120	1 250												
1 250	1 400					−390	−220		−110		−30	0	
1 400	1 600												
1 600	1 800					−430	−240		−120		−32	0	
1 800	2 000												
2 000	2 240					−480	−260		−130		−34	0	
2 240	2 500												
2 500	2 800					−520	−290		−145		−38	0	
2 800	3 150												

续前表

基本尺寸/mm		基本偏差数值（下极限偏差 *ei*）																			
		IT5 和 IT6	IT7	IT8	IT4～IT7	≤IT3>IT7	所有标准公差等级														
大于	至	j			k		m	n	p	r	s	t	u	v	x	y	z	za	zb	zc
—	3	−2	−4	−6	0	0	+2	+4	+6	+10	+14		+18		+20		+26	+32	+40	+60
3	6	−2	−4		+1	0	+4	+8	+12	+15	+15		+23		+28		+35	+42	+50	+80
6	10	−2	−5		+1	0	+6	+10	+15	+19	+23		+28		+34		+42	+52	+67	+97
10	14	−3	−6		+1	0	+7	+12	+18	+23	+28		+33		+40		+50	+64	+90	+130
14	18													+39	+45		+60	+77	+108	+150
18	24	−4	−8		+2	0	+8	+15	+22	+28	+35		+41	+47	+54	+63	+73	+98	+136	+188
24	30											+41	+48	+55	+64	+75	+88	+118	+160	+218
30	40	−5	−10		+2	0	+9	+17	+26	+34	+43	+48	+60	+68	+80	+94	+112	+148	+200	+274
40	50											+54	+70	+81	+97	+114	+136	+180	+242	+325
50	65	−7	−12		+2	0	+11	+20	+32	+41	+53	+66	+87	+102	+122	+144	+172	+226	+300	+405
65	80									+43	+59	+75	+102	+120	+146	+174	+210	+274	+360	+480
80	100	−9	−15		+3	0	+13	+23	+37	+51	+71	+91	+124	+146	+178	+214	+258	+335	+445	+585
100	120									+54	+79	+104	+144	+172	+210	+254	+310	+400	+525	+690
120	140	−11	−18		+3	0	+15	+27	+43	+63	+92	+122	+170	+202	+248	+300	+365	+470	+620	+800
140	160									+900	+65	+100	+134	+190	+228	+280	+340	+415	+535	+700
160	180									+68	+103	+146	+210	+252	+310	+380	+465	+600	+780	+1 000
180	200	−13	−21		+4	0	+17	+31	+50	+77	+122	+166	+236	+284	+350	+425	+520	+670	+880	+1 500
200	225									+80	+130	+180	+258	+310	+385	+470	+575	+740	+960	+1 250
225	250									+84	+140	+196	+284	+340	+425	+520	+640	+820	+1 050	+1 350
250	280	−16	−26		+4	0	+20	+34	+56	+94	+158	+218	+315	+385	+475	+580	+710	+920	+1 200	+1 550
280	315									+98	+170	+240	+350	+425	+525	+650	+790	+1 000	+1 300	+1 700

续前表

基本尺寸/mm		基本偏差数值（下极限偏差 *ei*）																		
		IT5 和 IT6	IT7	IT8	IT4～IT7	≤IT3>IT7	所有标准公差等级													
大于	至	j			k		m	n	p	r	s	t	u	v	x	y	z	za	zb	zc
315	355	−18	−28		+4	0	+21	+37	+62	+108	+190	+288	+390	+475	+590	+730	+900	+1 150	+1 500	+1 900
355	400									+114	+208	+294	+435	+530	+660	+820	+1 000	+1 300	+1 650	+2 100
400	450	−20	−32		+5	0	+23	+40	+68	+126	+232	+330	+490	+595	+740	+920	+1 100	+1 450	+1 850	+2 400
450	500									+132	+252	+360	+540	+660	+820	+1 000	+1 250	+1 600	+2 100	+2 600
500	560				0	0	+26	+44	+78	+150	+280	+400	+600							
560	630									+155	+310	+450	+660							
630	710				0	0	+30	+50	+88	+175	+340	+500	+740							
710	800									+185	+380	+560	+840							
800	900				0	0	+34	+56	+100	+210	+430	+620	+940							
900	1 000									+220	+470	+680	+1 050							
1 000	1 120				0	0	+40	+66	+120	+250	+520	+780	+1 150							
1 120	1 250									+260	+580	+840	+1 300							
1 250	1 400				0	0	+48	+78	+140	+300	+640	+960	+1 450							
1 400	1 600									+330	+720	+1 050	+1 600							
1 600	1 800				0	0	+58	+92	+170	+370	+820	+1 200	+1 850							
1 800	2 000									+400	+920	+1 350	+2 000							
2 000	2 240				0	0	+68	+110	+195	+440	+1 000	+1 500	+2 300							
2 240	2 500									+460	+1 100	+1 650	+2 500							
2 500	2 800				0	0	+76	+135	+240	+550	+1 250	+1 900	+2 900							
2 800	3 150									+580	+1 400	+2 100	+3 200							

表 1—2—7

公称尺寸至 3 150mm 孔的基本偏差值

单位：μm

公称尺寸(mm)		基本偏差数值																					
		下极限偏差 *EI*												上极限偏差 *ES*									
大于	至	所有标准公差等级												IT6	IT7	IT8	≤IT8	>IT8	≤IT8	>IT8	≤IT8	>IT8	≤IT7
		A	B	C	CD	D	E	EF	F	FG	G	H	JS	J			K		M		N		P 至 ZC
—	3	+270	+140	+60	+34	+20	+14	+10	+6	+4	+2	0	偏差=$\pm\frac{IT_n}{2}$ IT_n 为 IT 值数	+2	+4	+6	0	0	−2	−2	−4	−4	在大于 IT7 的相应数值上增加一个△值
3	6	+270	+140	+70	+46	+30	+20	+14	+10	+6	+4	0		+5	+6	+10	−1+△		−4+△	−4	−8+△	0	
6	10	+280	+150	+80	+56	+40	+25	+18	+13	+8	+5	0		+5	+8	+12	−1+△		−6+△	−6	−10+△	0	
10	14	+290	+150	+95		+50	+32		+16		+6	0		+6	+10	+15	−1+△		−7+△	−7	−12+△	0	
14	18																						
18	24	+300	+160	+110		+65	+40		+20		+7	0		+8	+12	+20	−2+△		−8+△	−8	−15+△	0	
24	30																						
30	40	+310	+170	+120		+80	+50		+25		+9	0		+10	+14	+24	−2+△		−9+△	−9	−17+△	0	
40	50	+320	+180	+130																			
50	65	+340	+190	+140		+100	+63		+30		+10	0		+13	+18	+28	−2+△		−11+△	−11	−20+△	0	
65	80	+360	+200	+150																			
80	100	+380	+220	+170		+120	+72		+36		+12	0		+16	+22	+34	−3+△		−13+△	−13	−23+△	0	
100	120	+410	+240	+180																			
120	140	+460	+260	+200		+140	+85		+43		+14	0		+18	+26	+41	−3+△		−15+△	−15	−27+△	0	
140	160	+520	+280	+210																			
160	180	+580	+110	+230																			
180	200	+660	+140	+240		+170	+100		+50		+15	0		+22	+30	+47	−4+△		−17+△	−17	−31+△	0	
200	225	+740	+180	+260																			
225	250	+820	+420	+280																			

续前表

公称尺寸(mm)		基本偏差数值																					
		下极限偏差 *EI*												上极限偏差 *ES*									
大于	至	所有标准公差等级												IT6	IT7	IT8	≤IT8	>IT8	≤IT8	>IT8	≤IT8	>IT8	≤IT7
		A	B	C	CD	D	E	EF	F	FG	G	H	JS	J			K		M		N		P 至 ZC
250	280	+920	+480	+300		+190	+110		+56		+17	0		+25	+36	+55	−4+Δ		−20+Δ	−20	−34+Δ	0	
280	315	+1 050	+540	+330																			
315	355	+1 200	+600	+360		+210	+125		+62		+18	0		+29	+39	+60	−4+Δ		−21+Δ	−21	−37+Δ	0	
355	400	+1 350	+680	+400																			
400	450	+1 500	+760	+440		+230	+135		+68		+20	0		+33	+43	+66	−5+Δ		−23+Δ	−23	−40+Δ	0	
450	500	+1 650	+840	+480																			
500	560					+260	+145		+76		+22	0					0		−26		−44		
560	630																						
630	710					+290	+160		+80		+24	0					0		−30		−50		
710	800																						
800	900					+320	+170		+86		+26	0					0		−34		−56		
900	1 000																						
1 000	1 120					+350	+195		+98		+28	0					0		−40		−66		
1 120	1 250																						
1 250	1 400					+390	+220		+110		+30	0					0		−48		−78		
1 400	1 600																						
1 600	1 800					+430	+240		+120		+32	0					0		−58		−92		
1 800	2 000																						
2 000	2 240					+480	+250		+130		+34	0					0		−68		−110		
2 240	2 500																						
2 500	2 800					+520	+290		+145		+38	0					0		−76		−135		
2 800	3 150																						

续前表

公称尺寸(mm)		基本偏差数值 上极限偏差 ES												△值					
		标准公差等级大于 IT7												标准公差等级					
大于	至	P	R	S	T	U	V	X	Y	Z	ZA	ZB	ZC	IT3	IT4	IT5	IT6	IT7	IT8
—	3	−6	−10	−14		−18		−20		−26	−32	−40	−60	0	0	0	0	0	0
3	6	−12	−15	−19		−23		−28		−15	−42	−50	−80	1	1.5	1	3	4	6
6	10	−15	−19	−23		−28		−34		−42	−52	−67	−97	1	1.5	2	3	6	7
10	14	−18	−23	−28		−33		−40		−50	−64	−90	−130	1	2	3	3	7	9
14	18						−39	−45		−60	−77	−108	−150						
18	24	−22	−28	−35		−41	−47	−54	−63	−73	−98	−136	−188	1.5	2	3	4	8	12
24	30				−41	−48	−55	−64	−75	−88	−118	−160	−218						
30	40	−26	−34	−43	−48	−60	−68	−80	−94	−112	−148	−200	−274	1.5	3	4	5	9	14
40	50				−54	−70	−81	−97	−114	−136	−180	−242	−325						
50	65	−32	−41	−53	−65	−87	−102	−122	−144	−172	−226	−300	−405	2	3	5	6	11	16
65	80		−43	−59	−75	−102	−120	−146	−174	−210	−274	−360	−480						
80	100	−37	−51	−71	−91	−124	−141	−178	−214	−258	−335	−445	−585	2	4	5	7	13	19
100	120		−54	−79	−104	−144	−172	−210	−254	−310	−400	−525	−690						
120	140	−43	−63	−92	−132	−170	−202	−248	−300	−355	−470	−620	−800	3	4	6	7	15	23
140	160		−65	−100	−134	−190	−221	−280	−340	−415	−535	−700	−900						
160	180		−68	−108	−116	−210	−252	−310	−380	−485	−600	−780	−1 000						
180	200	−50	−77	−122	−166	−236	−284	−350	−425	−520	−670	−880	−1 150	3	4	6	9	17	26
200	225		−80	−130	−180	−258	−310	−385	−470	−575	−740	−960	−1 250						
225	250		−84	−140	−195	−284	−341	−425	−520	−640	−820	−1 050	−1 350						
250	280	−56	−94	−158	−218	−315	−385	−475	−580	−710	−920	−1 200	−1 550	4	4	7	9	20	29
280	315		−98	−170	−210	−350	−428	−525	−650	−790	−1 000	−1 300	−1 700						

续前表

公称尺寸（mm）		基本偏差数值 上极限偏差 ES												△值					
		标准公差等级大于IT7												标准公差等级					
大于	至	P	R	S	T	U	V	X	Y	Z	ZA	ZB	ZC	IT3	IT4	IT5	IT6	IT7	IT8
315	355	−62	−108	−190	−268	−390	−475	−590	−730	−900	−1 150	−1 500	−1 900	4	5	7	11	21	32
355	400		−114	−208	−294	−435	−530	−660	−820	−1 000	−1 300	−1 650	−2 100						
400	450	−68	−126	−232	−330	−490	−595	−740	−920	−1 100	−1 450	−1 850	−2 400	5	5	7	13	23	34
450	500		−132	−252	−360	−540	−660	−920	−1 000	−1 250	−1 600	−2 100	−2 600						
500	560	−78	−150	−280	−400	−600													
560	630		−155	−310	−450	−660													
630	710	−88	−175	−340	−500	−740													
710	800		−185	−380	−500	−840													
800	900	−100	−210	−430	−620	−940													
900	1 000		−220	−470	−680	−1 050													
1 000	1 120	−120	−250	−520	−780	−1 150													
1 120	1 250		−260	−580	−810	−1 300													
1 250	1 400	−140	−300	−640	−960	−1 450													
1 400	1 600		−330	−720	−1 050	−1 600													
1 600	1 800	−170	−370	−400	−1 100	−1 850													
1 800	2 000		−820	−920	−1 150	−2 000													
2 000	2 240	−195	−440	−1 000	−1 150	−2 300													
2 240	2 500		−460	−1 100	−1 150	−2 500													
2 500	2 800	−240	−550	−1 250	−1 100	−2 900													
2 800	3 150		−580	−1 400	−2 100	−3 200													

注：1. 公称尺寸小于或等于1mm时，基本偏差A和B及大于IT8的N均不采用，公差带JS7至JS11，若IT_n值数是奇数，则取偏差$=\pm\frac{IT_n-1}{2}$；

2. 对小于或等于IT8的K、M、N和小于或等于IT7的P至ZC，所需△值从表内右侧选取。例如：18～30mm段的K7，△=8μm，所以$ES=-2+8=+6\mu m$；18～30mm段的S6，△=4μm，所以$ES=-35+4=-31\mu m$。特殊情况，250～315mm段的M6，$ES=-9\mu m$（代替$-11\mu m$）。

5. 基本偏差的选择

基本偏差的选择有三种方法。

（1）计算法。根据配合的性能要求，由理论公式计算出所需的极限间隙或极限过盈。

（2）试验法。试验法主要用于特别重要的配合，使用比较可靠，但周期长、成本高，应用范围较小。

（3）类比法。参照同类型机器或结构中经过长期生产实践验证的配合，再结合所设计产品的使用要求和应用条件来确定配合。该方法应用广泛。

表 1—2—8 为按基孔制配合的轴的基本偏差或按基轴制配合的孔的基本偏差的特点及应用。

表 1—2—8　　基本偏差的特点及应用

配合	基本偏差	特点及应用实例
间隙配合	a（A） b（B）	可得到特别大的间隙，应用很少，主要用于工作温度高、热度变形大的零件配合，如发动机中的活塞与缸套的配合为 H9/a9
	c（C）	可得到很大的间隙，一般用于工作条件较差（如农业机械）、工作时受力变形较大及装配工艺性不好的零件配合，也适用于高温工作的间隙配合，如内燃机排气阀杆与导管的配合为 H8/c7
	d（D）	与 IT7～IT11 相对应，适用于较松的间隙配合（如滑轮、空转的带轮与轴的配合），以及大尺寸滑动轴承与轴颈的配合（如涡轮机、球磨机等的滑动轴承）。活塞槽与活塞环的配合可用 H9/d9
	e（E）	与 IT6～IT9 对应，具有明显的间隙，用于大跨距及多支点的转轴与轴承的配合，以及高速、重载的大尺寸轴与轴承的配合，如大型电机、内燃机的主要轴承处的配合为 H8/e7
	f（F）	多与 IT6～IT8 对应，用于一般转动的配合，受温度影响不大，适用于采用普通润滑油的轴与滑动轴承的配合，如齿轮箱、小电动机、泵的转轴与滑动轴承的配合为 H7/f6
	g（G）	多与 IT5、IT6、IT7 对应，形成配合的间隙较小，用于轻载精密装置中的转动配合、插销的定位配合，以及滑阀、连杆销等处的配合，钻套孔多用 G
	h（H）	多与 IT4～IT11 对应，广泛用于无相对转动的配合、一般的定位配合。若没有温度、变形的影响，也可用于精密滑动轴承，如车床尾座孔与滑动 6 套筒的配合为 H6/h5
过渡配合	js（JS）	多用于 IT4～IT7 具有平均间隙的过渡配合，用于略有过盈的定位配合，如联轴节，齿圈与轮毂的配合，滚动轴承外圈与外壳孔的配合多用 JS7，一般用手或木槌装配
	k（K）	多用于 IT4～IT7 平均间隙接近零的配合，用于定位配合，如滚动轴承的内、外圈分别与轴颈、外壳孔的配合，用木槌装配
	m（M）	多用于 IT4～IT7 平均过盈较小的配合，用于精密定位的配合，如涡轮的青铜轮缘与轮毂的配合为 H7/m6
	n（N）	多用于 IT4～IT7 平均过盈较大的配合，很少形成间隙，用于加键传递较大扭矩的配合，如冲床上齿轮与轴的配合，用槌子或压力机装配

续前表

配合	基本偏差	特点及应用实例
过盈配合	p（P）	用于小过盈配合，与 H6 或 H7 的孔形成过盈配合。碳钢和铸铁制零件形成的配合为标准压入配合，如绞车的绳轮与齿圈的配合为 H7/p6。合金钢制零件的配合需要小过盈时可用
	r（R）	用于传递大扭矩或受冲击载荷而需要加键的配合，如涡轮与轴的配合为 H7/r6。H8/r8 配合在基本尺寸＜100mm 时，为过渡配合
	s（S）	用于钢和铸铁零件的永久性和半永久性结合，可产生相当大的结合力，如套环压在轴、阀座上用 H7/s6 配合
	t（T）	用于钢和铸铁零件的永久性结合，不用键可传递扭矩，需用热套法或冷轴法装配，如联轴节与轴的配合为 H7/t6
	u（U）	用于大过盈配合，最大过盈量需验算，用热套法进行装配，如火车轮毂和轴的配合为 H6/u5
	v（V） x（X） y（Y） z（Z）	用于特大过盈配合，目前使用的经验和资料很少，需试验后应用，一般不推荐

三、公差带代号

1. 孔、轴的公差带代号

孔、轴的公差带代号由基本偏差代号和公差等级数字组成。

孔的公差带代号：

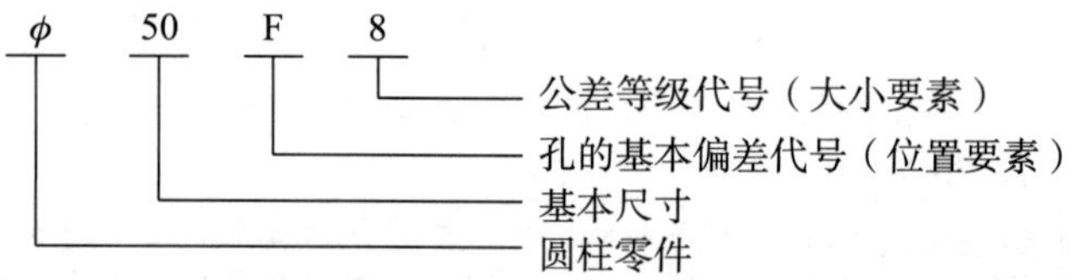

轴的公差带代号：

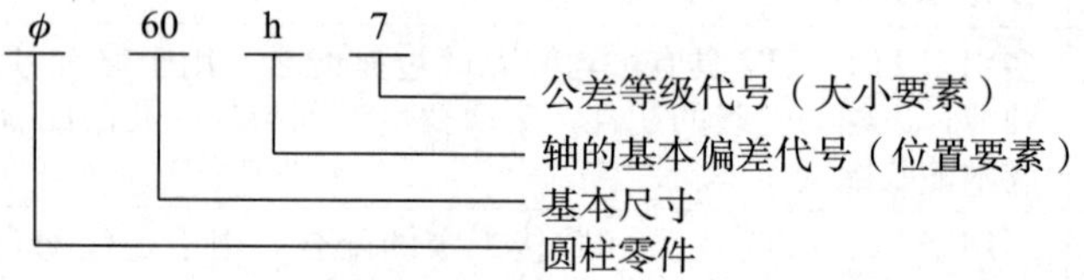

2. 配合的公差带代号

配合的公差带代号是将孔和轴的公差带代号写成分数形式（分子为孔的公差带代号，

分母为轴的公差带代号）来表示的，简称为配合代号。例如：

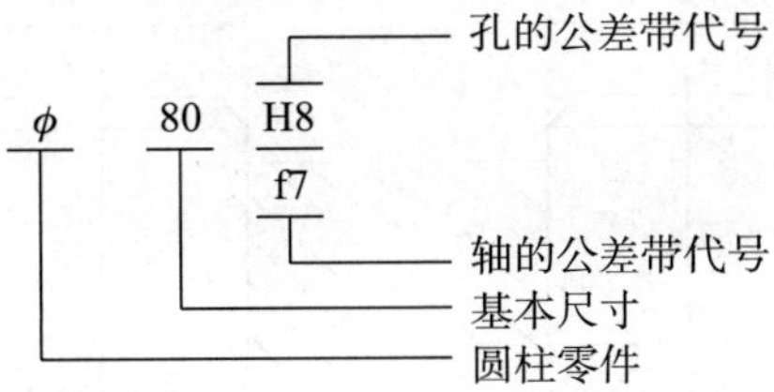

上述配合代号也可以写成 φ80H8/f7。

3. 公差带的标注

通过查表和计算就可以确定孔、轴的极限偏差。根据国标规定，孔、轴公差带的表示方法有以下三种：

（1）公差带代号表示法：孔 φ50F8、轴 φ50h7。

（2）极限偏差表示法：孔 $\varphi 50^{+0.064}_{+0.025}$、轴 $\varphi 50^{\ 0}_{-0.025}$。

（3）组合表示法：孔 $\varphi 50\text{F8}\begin{pmatrix}+0.064\\+0.025\end{pmatrix}$、轴 $\varphi 50\text{h7}\begin{pmatrix}0\\-0.025\end{pmatrix}$。

除基本尺寸 φ50 必须标注外，第一种只标注公差带代号 F8；第二种只标注上、下偏差；第三种既标注公差带代号 F8，又标注上下偏差。这三种方法在图样上都允许使用。如图 1—2—2 所示为孔公差带的标注。

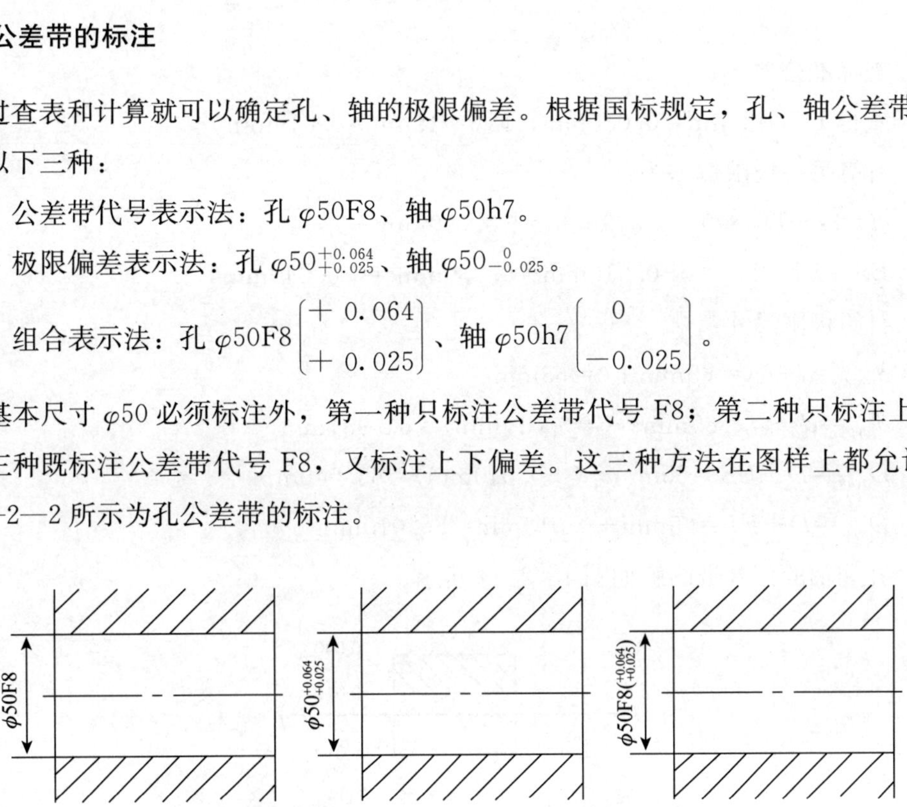

图 1—2—2　孔公差带的标注

配合公差带的标注如图 1—2—3 所示。表示方法可采用其中之一。

例 1—2—1　试查表确定配合 $\varphi 65\dfrac{\text{G7}}{\text{h6}}$中孔、轴的标准公差和基本偏差数值，并计算另一极限偏差和极限尺寸，画出公差带图，并求配合的极限间隙或极限过盈及配合公差。

解：（1）查基本偏差：

查得 h 基本偏差 $es=0$

查得 G 基本偏差 $EI=+0.010\text{mm}$

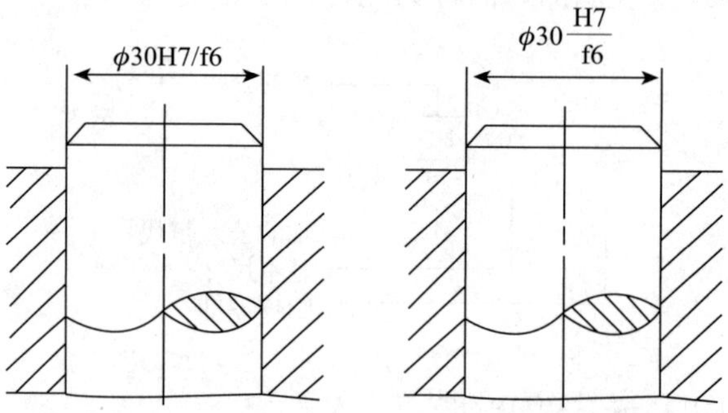

图 1—2—3　配合公差带的标注

（2）查标准公差：

查得 IT7＝30μm＝0.030mm，IT6＝19μm＝0.019mm

（3）计算另一极限偏差为：

$ei=es-IT6=0-0.019mm=-0.019mm$

$ES=EI+IT7=+0.010mm+0.030mm=+0.040mm$

（4）计算极限尺寸：

$d_{max}=d+es=65mm+0=65mm$

$d_{min}=d+ei=65mm+(-0.019mm)=64.981mm$

$D_{max}=D+ES=65mm+(+0.040mm)=65.040mm$

$D_{min}=D+EI=65mm+0.010mm=65.010mm$

（5）孔和轴的公差带图解如图 1—2—4 所示。

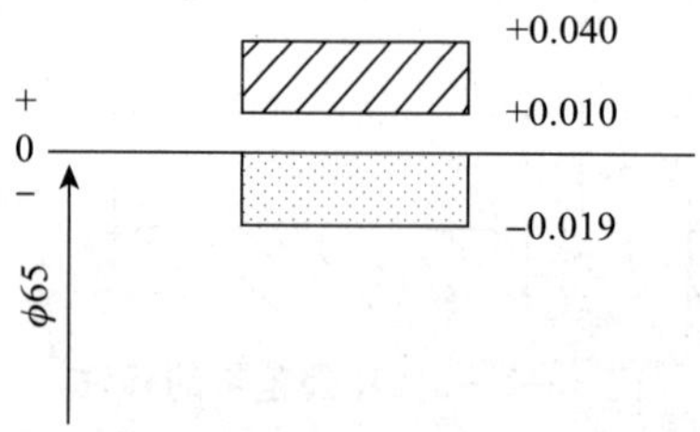

图 1—2—4　公差带图解

（6）由图 1—2—4 可判定此配合为基轴制间隙配合。

（7）极限间隙的计算：

$X_{max}=ES-ei=+0.040mm-(-0.019mm)=+0.059mm$

$X_{min}=EI-es=+0.010mm-0=+0.010mm$

（8）公差的计算：

$T_f=|X_{max}-X_{min}|=|+0.059mm-(+0.010mm)|=0.049mm$

任务三　基准制

一、基准制的分类

在互换性生产中，为了实现各种不同性质的配合，可通过改变孔和轴的公差带来实现。但为了简化孔、轴公差带的组合形式，减少定值刀具、量具的规格数量，获得最大的技术经济效益，国家标准规定了两种基准制，即基孔制和基轴制（见图 1—3—1）。

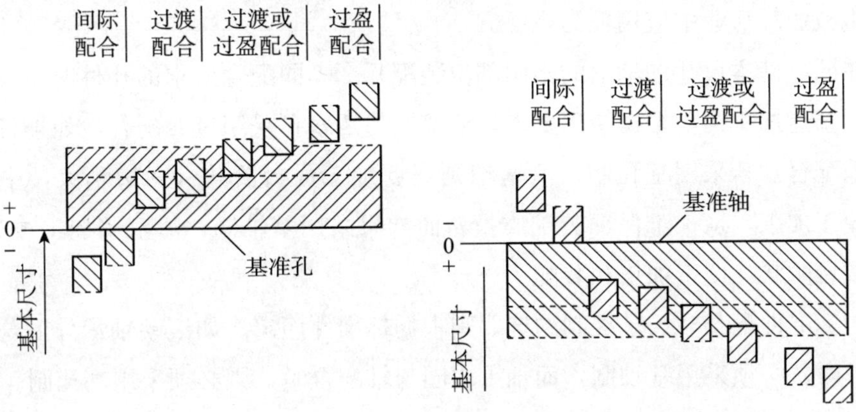

（a）基孔制　　（b）基轴制

图 1—3—1　基准制

1. 基孔制

基本偏差为一定的孔的公差带与不同基本偏差的轴的公差带构成各种配合的一种制度称为基孔制。这种制度在同一基本尺寸的配合中，是将孔的公差带的位置固定，通过变动轴的公差带位置，得到各种不同的配合。基孔制的孔称为基准孔。国家标准规定基准孔的下偏差为 0，“H”为基准孔的基本偏差。

2. 基轴制

基本偏差为一定的轴的公差带与不同基本偏差的孔的公差带构成各种配合的一种制度称为基轴制。这种制度在同一基本尺寸的配合中，是将轴的公差带位置固定，通过变动孔的公差带位置，得到各种不同的配合。基轴制的轴称为基准轴。国家标准规定基准轴的上偏差为 0，“h”为基准轴的基本偏差。

二、基准制的选择原则

选择基准制时应从产品结构、加工工艺、经济等方面综合考虑。

（1）一般情况下，优先选用基孔制。因为孔比轴难加工一些，孔加工的检测要求使用定制刀具（如钻头、铰刀）和光滑极限量规，且每一种定制刀具和光滑极限量规只能加工和检测某一特定尺寸和公差带的孔；而轴加工只需要使用车刀、砂轮等通用刀具，便于使用计量器具检测。显然，采用基孔制配合可以减少定制刀具和塞规的数量，比较经济合理。

（2）采用冷拔棒料直接作为轴时，选用基轴制。由于本身的精度（可达 IT8）已能满足设计要求，其本身不需要再进行切削加工，直接可与其他零件相配合，在农业、建筑业、纺织机械业等行业中应用较为广泛。

（3）在同一基本尺寸的轴上的不同部位装配几个不同配合要求的孔件时，应采用基轴制。例如活塞连杆机构，根据使用要求，活塞销与活塞孔采用过渡配合，而连杆与活塞销则采用间隙配合。若采用基孔制，活塞销则需要加工成台阶状（两边稍大，中间稍小），这样既不便于加工，也很难保证装配质量；而如果采用基轴制，活塞销加工成光轴即可，而孔则做成台阶状，便于加工和装配。

（4）与标准件配合时，基准制的选取则根据标准件而定。如滚动轴承外圈与箱体上的基座孔配合时，必须采用基轴制，而轴承内圈与轴配合时，则必须采用基孔制。

（5）为满足装配需要，必要时可采用任何适当的孔和轴的公差带组成的非标准配合。

任务四　公差带与配合的选用

一、公差带的选用

1. 公差带系列

GB/T 1801—2009 对公差尺寸至 500mm 的孔、轴规定了优先、常用和一般用途三类公差带。轴的一般用途公差带为 119 种，如图 1—4—1 方框内的为常用公差带（59 种），圆圈内的为优先公差带（13 种）。国标同样对孔的公差带规定了 105 种一般用途公差带、45 种常用公差带和 13 种优先公差带，如图 1—4—2 所示。

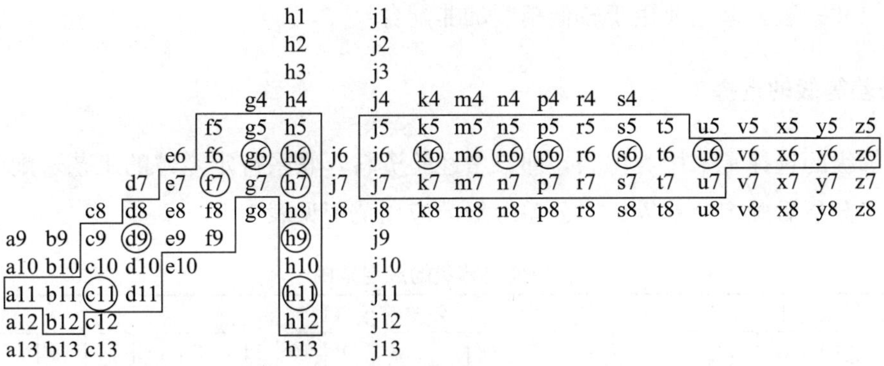

图 1—4—1　公称尺寸至 500mm 轴的优先、常用和一般用途公差带

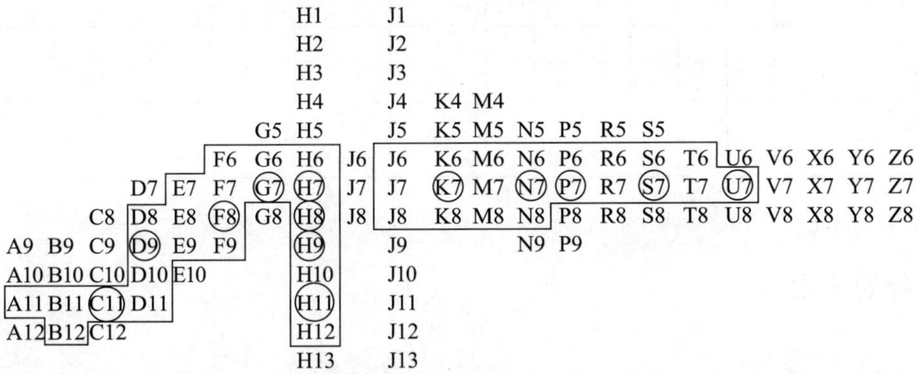

图 1—4—2　公称尺寸至 500mm 孔的优先、常用和一般用途公差带

2. 一般公差

在车间普通工艺条件下，机床设备一般加工能力可保证的公差称为一般公差（线性尺寸的未注公差）。在正常维护和操作的情况下，它代表车间一般的加工精度。

国家标准 GB/T 1804—2000 对线性尺寸的一般公差规定了 4 个公差等级：精密级 f、中等级 n、粗糙级 c、最粗级 v（分别相当于 IT12、IT14、IT16、IT17）；对适用尺寸也采用了较大的分段，具体见表 1—4—1。

表 1—4—1　　线性尺寸的一般公差

公差等级	尺寸分段							
	0.5～3	3～6	6～30	30～120	120～400	400～1 000	1 000～2 000	2 000～4 000
f（精密级）	±0.05	±0.05	±0.1	±0.15	±0.2	±0.3	±0.5	—
m（中等级）	±0.1	±0.1	±0.2	±0.3	±0.5	±0.8	±1.2	±2
c（粗糙级）	±0.2	±0.3	±0.5	±0.8	±1.2	±2	±3	±4
v（最粗级）		±0.5	±1	±1.5	±2.5	±4	±6	±8

由表 1—4—1 可知，不论孔和轴还是长度尺寸，其极限偏差的取值都采用对称分布的公差带，这样使用方便，概念清晰，数值合理。

线性尺寸一般公差主要用于较低精度的非配合尺寸。

3. 公差等级的选择

公差等级的选择常采用类比法，即参考经验资料，联系待定零件的工艺、配合和结构等特点，经分析后确定公差等级。公差等级的应用范围见表 1—4—2。

表 1—4—2　　各种公差等级的应用范围

应用	公差等级（IT）																			
	01	0	1	2	3	4	5	6	7	8	9	10	11	12	13	14	15	16	17	18
量块	—	—	—																	
量规			—	—	—	—	—	—	—											
配合尺寸							—	—	—	—	—	—	—	—	—					
特别精密的配合				—	—	—	—													
非配合尺寸														—	—	—	—	—	—	—
原材料尺寸										—	—	—	—	—	—	—				

二、配合的选用

1. 配合系列

GB/T 1801—2009 在公称尺寸至 500mm 的范围内，对基孔制规定了 59 种常用配合，对基轴制规定了 47 种常用配合。在常用配合中，又对基孔制、基轴制各规定了 13 种优先配合，见表 1—4—3 和表 1—4—4。

表 1—4—3　　基孔制优先、常用配合

基准孔	轴																			
	a	b	c	d	e	f	g	h	js	k	m	n	p	r	s	t	u	v	x	y	z
	间隙配合								过渡配合			过盈配合									
H6						$\frac{H6}{f5}$	$\frac{H6}{g5}$	$\frac{H6}{h5}$	$\frac{H6}{js5}$	$\frac{H6}{k5}$	$\frac{H6}{m5}$	$\frac{H6}{n5}$	$\frac{H6}{p5}$	$\frac{H6}{r5}$	$\frac{H6}{s5}$	$\frac{H6}{t5}$					
H7						$\frac{H7}{f6}$	▼ $\frac{H7}{g6}$	▼ $\frac{H7}{h6}$	$\frac{H7}{js6}$	▼ $\frac{H7}{k6}$	$\frac{H7}{m6}$	▼ $\frac{H7}{n6}$	▼ $\frac{H7}{p6}$	$\frac{H7}{r6}$	▼ $\frac{H7}{s6}$	$\frac{H7}{t6}$	▼ $\frac{H7}{u6}$	$\frac{H7}{v6}$	$\frac{H7}{x6}$	$\frac{H7}{y6}$	$\frac{H7}{z6}$
H8					$\frac{H8}{e7}$	▼ $\frac{H8}{f7}$	$\frac{H8}{g7}$	▼ $\frac{H8}{h7}$	$\frac{H8}{js7}$	$\frac{H8}{k7}$	$\frac{H8}{m7}$	$\frac{H8}{n7}$	$\frac{H8}{p7}$	$\frac{H8}{r7}$	$\frac{H8}{s7}$	$\frac{H8}{t7}$	$\frac{H8}{u7}$				
				$\frac{H8}{d8}$	$\frac{H8}{e8}$	$\frac{H8}{f8}$		$\frac{H8}{h8}$													

续前表

基准孔	轴																				
	a	b	c	d	e	f	g	h	js	k	m	n	p	r	s	t	u	v	x	y	z
	间隙配合								过渡配合			过盈配合									
H9			$\frac{H9}{c8}$	▼$\frac{H9}{d9}$	$\frac{H9}{e9}$	$\frac{H9}{f9}$		▼$\frac{H9}{h9}$													
H10			$\frac{H10}{c10}$	$\frac{H10}{d10}$				$\frac{H10}{h10}$													
H11	$\frac{H11}{a11}$	$\frac{H11}{b11}$	▼$\frac{H11}{c11}$	$\frac{H11}{d11}$				▼$\frac{H11}{h11}$													
H12		$\frac{H12}{b12}$						$\frac{H12}{h12}$													

注：1. H6/n5、H7/p6 在基本尺寸小于或等于 3mm 和 H8/r7 在基本尺寸小于或等于 100mm 时，为过渡配合。

2. 标注▼的配合为优先配合。

表 1—1—4　　基轴制优先、常用配合

基准轴	孔																				
	A	B	C	D	E	F	G	H	JS	K	M	N	P	R	S	T	U	V	X	Y	Z
	间隙配合								过渡配合				过盈配合								
h5						$\frac{F6}{h5}$	$\frac{G6}{h5}$	$\frac{H6}{h5}$	$\frac{JS6}{h5}$	$\frac{K6}{h5}$	$\frac{M6}{h5}$	$\frac{N6}{h5}$	$\frac{P6}{h5}$	$\frac{R6}{h5}$	$\frac{S6}{h5}$	$\frac{T6}{h5}$					
h6						$\frac{F7}{h6}$	▼$\frac{G7}{h6}$	▼$\frac{H7}{h6}$	$\frac{JS7}{h6}$	▼$\frac{K7}{h6}$	$\frac{M7}{h6}$	▼$\frac{N7}{h6}$	▼$\frac{P7}{h6}$	$\frac{R7}{h6}$	▼$\frac{S7}{h6}$	$\frac{T7}{h6}$	▼$\frac{U7}{h6}$				
h7					$\frac{E8}{h7}$	▼$\frac{F8}{h7}$		▼$\frac{H8}{h7}$	$\frac{JS8}{h7}$	$\frac{K8}{h7}$	$\frac{M8}{h7}$	$\frac{N8}{h7}$									
h8				$\frac{D8}{h8}$	$\frac{E8}{h8}$	$\frac{F8}{h8}$		$\frac{H8}{h8}$													

续前表

基准轴	孔																				
	A	B	C	D	E	F	G	H	JS	K	M	N	P	R	S	T	U	V	X	Y	Z
	间隙配合								过渡配合				过盈配合								
h9				▼ $\frac{D9}{h9}$	$\frac{E9}{h9}$	$\frac{F9}{h9}$		▼ $\frac{H9}{h9}$													
h10				$\frac{D10}{h10}$				$\frac{H10}{h10}$													
h11	$\frac{A11}{h11}$	$\frac{B11}{h11}$	▼ $\frac{C11}{h11}$	$\frac{D11}{h11}$				▼ $\frac{H11}{h11}$													
h12		$\frac{B12}{h12}$						$\frac{H12}{h12}$													

注：带▼的配合为优先配合。

2. 确定配合的种类

当孔、轴有相对运动要求时，选择间隙配合；当孔、轴无相对运动时，应根据具体工作条件的不同，确定过盈（用于传递扭矩）、过渡（主要用于精确定心）配合。配合类别适用的具体场合如下。

（1）具有相对运动的场合。有时利用容易装卸的特点，用于各种静止连接，这时需要加紧固件。

（2）过渡配合主要用于精确定心，以及配合件间无相对运动、可拆卸的静连接。要传递扭矩时，需要加紧固件。

（3）过盈配合主要用于配合件间无相对运动、不可拆卸的静连接。当过盈量较小时，只作精确定心用，要传递扭矩时，须加紧固件；当过盈量较大时，可直接用于传递扭矩。

确定配合类别后，应尽可能地选用优先配合，其次是常用配合，再次是一般配合。若仍不能满足要求，则可以选择其他任意的配合。

这里需要特别说明：

间隙配合的选择主要看运动的速度、承受载荷、定心要求和润滑要求。相对运动速度高、工作温度高，则间隙应选大一些；相对运动速度低，如一般只作低速的相对运动，则间隙可选小一些。

过盈配合的选择主要根据扭矩的大小以及是否加紧固件与拆装的困难程度等要求选择。无紧固件的过盈配合，其最小过盈量产生的结合力应保证能传递所需的扭矩和轴向力；而最大过盈量产生的内应力不可超出材料的屈服强度。

过渡配合的选择主要根据定心要求与拆装等情况进行。对应定位配合，要保证不松动；如需要传递扭矩，则需加键、销等紧固件；经常装拆的部位要比不经常拆装的配合松些。

熟悉各种工艺方法的加工精度。要慎重选择使用高精度公差等级，否则会使加工成本急剧增加。各种加工方法所能达到的公差等级见表 1—4—5。

表 1—4—5　　**各种加工方法所能达到的公差等级**

加工方法	公差等级（IT）																		
	01	0	1	2	3	4	5	6	7	8	9	10	11	12	13	14	15	16	17	18
研磨	—	—	—	—	—	—	—													
珩（heng）						—	—	—	—											
圆磨							—	—	—	—										
平磨							—	—	—	—										
金刚石车							—	—	—											
金刚石镗							—	—	—											
拉削							—	—	—	—										
绞孔								—	—	—	—	—								
车									—	—	—	—	—							
镗							—	—	—	—	—									
铣									—	—	—	—								
刨、插											—	—								
钻											—	—	—	—						
滚压、挤压											—	—								
冲压											—	—	—	—	—					
压铸												—	—	—	—					
粉末冶金成型							—	—	—											
粉末冶金烧结								—	—	—	—									
砂型铸造、气割																		—	—	—
锻造																	—	—		

【小结】

本项目是本课程的基础，主要阐述了公差与配合的术语及定义、标准公差与基本偏差系列、基准制、公差带与配合的选用等相关知识。对于公差与配合的术语及定义必须牢固掌握，并能熟练计算。标准公差和基本偏差系列是公差标准的核心，也是本项目的重点。而公差与配合的选用则是本项目的难点，选用时需要有一定的生产经验。

【思考题】

1. 如何区别孔与轴?

2. 什么是基本尺寸、实际尺寸和极限尺寸？它们之间有何区别和联系?

3. 什么是偏差？极限偏差是如何分类的？各用什么代号表示?

4. 画出孔 $\varphi50^{+0.020}_{0}$ 和轴 $\varphi80^{+0.030}_{-0.001}$ 的公差带图。

5. 使用标准公差和基本偏差值表，查出下列公差带的上、下极限偏差。

(1) φ36k7　(2) φ280m7　(3) φ55P7　(4) φ70s6

6. 根据下表中的数据，填写表空格中的内容。

基本尺寸	孔			轴			X_{max} 或 Y_{min}	X_{min} 或 Y_{max}	平均间隙/过盈	配合公差 T_f	配合性质
	ES	EI	T_h	es	ei	T_s					
φ18		0				0.010		−0.012	+0.0025		
φ30		0				0.021	+0.094		+0.067		
φ80			0.046	+0.011				−0.011	+0.027		

项目二　形位公差

学习目标

1. 掌握形位公差的基本概念。
2. 熟悉形位公差的分类、符号及代号。
3. 掌握形位公差的标注方法。
4. 能正确识读形位公差。
5. 了解公差原则，掌握形位公差的选用知识。

任务实施

任务一　形状公差

在机械加工中，单一实际要素的形状所允许的变动全量，称为形状公差。形状误差是在零件加工过程中产生的，而形状公差是为了限制形状误差而设置的。形状公差带不涉及基准要素，只是限制单一实际要素变动的一个区域和范围，因此它的方向和位置均是浮动的，只能控制被测要素形状误差的大小。

可按下列步骤来分析与解读形状公差的含义。

（1）被测要素：由形状公差代号指引线所指的零件几何要素来确定。

（2）公差项目：由形状公差代号中的第一格的符号来确定。

（3）公差带的形状和大小：由形状公差代号中的第二格来确定公差带的形状及参数值。

（4）公差带的方向及位置：其方向一般都是沿着组成公差带几何要素的方向延伸，其位置是浮动的。

一、直线度（——）

直线度公差是实际直线对理想直线的允许变动量，限制了加工面或线在某个方向上的偏差，如果直线度超差有可能导致该工件安装时无法准确装入工艺文件规定的位置。如图2—1—1所示。

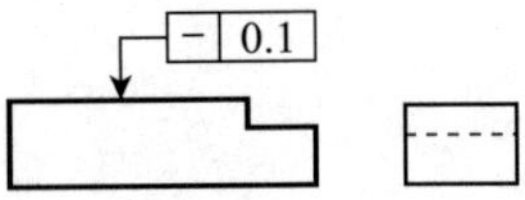

图 2—1—1

标注含义：被测表面投影后为一接近直线的“波浪线”（见图2—1—2），该“波浪线”的变化范围应该在距离为公差值 t（t＝0.1）的两平行直线之间。

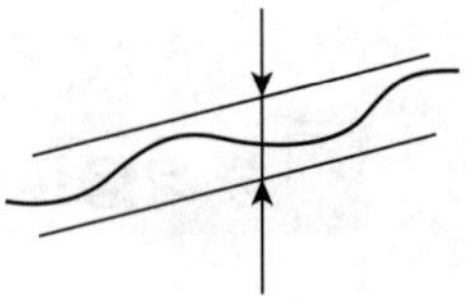
图 2—1—2

二、平面度（▱）

平面度表示面的平整程度，指测量平面具有的宏观凹凸高度相对理想平面的偏差，一般来讲，有平面度要求的就不必有直线度要求了，因为平面度包括了面上各个方向的直线度。如图2—1—3所示。

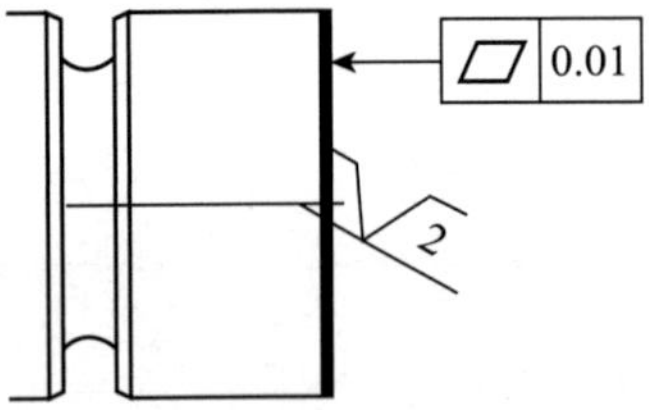

图 2—1—3

标注含义：被测加工表面必须位于距离为公差值 t（t＝0.01）的两平行平面内。如图2—1—4所示。

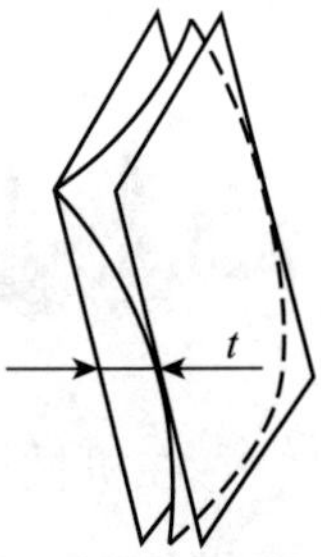

图 2—1—4

三、圆度（○）

圆度如图2—1—5所示。是指工件横截面接近理论圆的程度，工件加工后的投影圆应在圆度要求的公差范围之内。

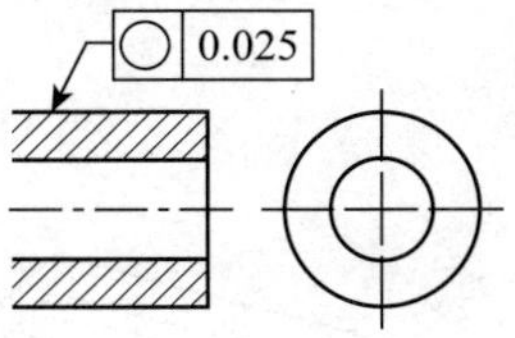

图 2—1—5

标注含义：被测圆柱面的任意截面的圆周必须位于半径差为公差值 t（$t=0.025$）的两同心圆之内。如图 2—1—6 所示。

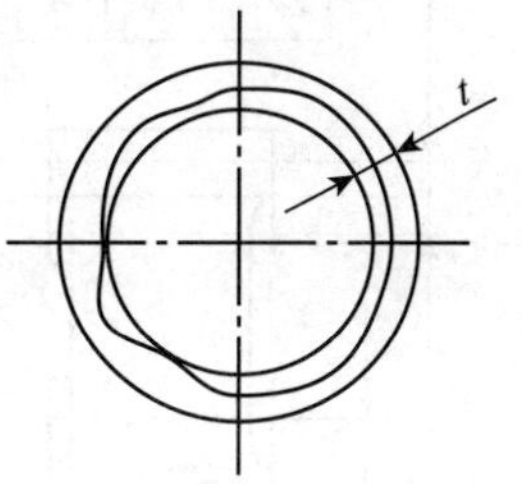

图 2—1—6

四、圆柱度（⌭）

圆柱度指工件圆柱表面所有垂直截面中最大尺寸与最小尺寸之差，限制了被测圆柱面的形状误差，是圆柱的实际形状相对理想形状的最大允许变动量。如图 2—1—7 所示。

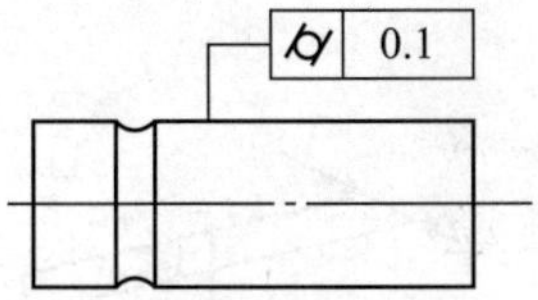

图 2—1—7

标注含义：被测圆柱面必须位于半径差为公差值 t（$t=0.1$）的两同轴圆柱面之间。如图 2—1—8 所示。

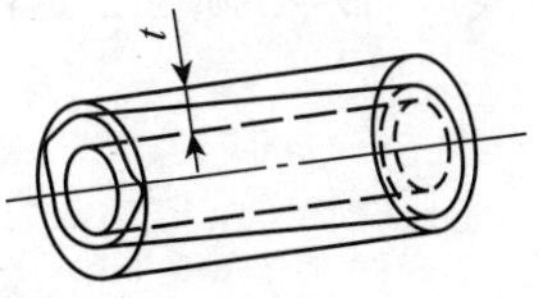

图 2—1—8

圆柱度和圆度的区别：圆柱度是相对于整个圆柱面而言的，圆度是相对于圆柱面截面的单个圆而言的，圆柱度包括圆度，控制好了圆柱度也就能保证圆度，但反过来不行。柴油机的结构中有多处规定了圆柱度和圆度，如发动机的活塞环，控制好活塞环的圆度可保证其密封性，而活塞的圆柱度则对于其在缸套中上下运动的顺畅性至关重要。

任务二　位置公差

一、平行度（//）

平行度是指两平面或者两直线平行的程度，即其中一平面（边）相对于另一平面（边）平行的误差最大允许值。如图 2—2—1 所示。

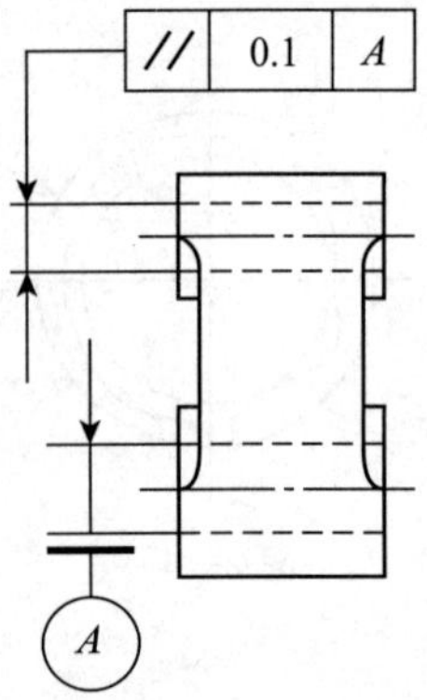

图 2—2—1

标注释义：被测轴线必须位于距离为公差值 t（t=0.1）且在给定方向上平行于基准轴线的两平行平面之间。如图 2—2—2 所示。

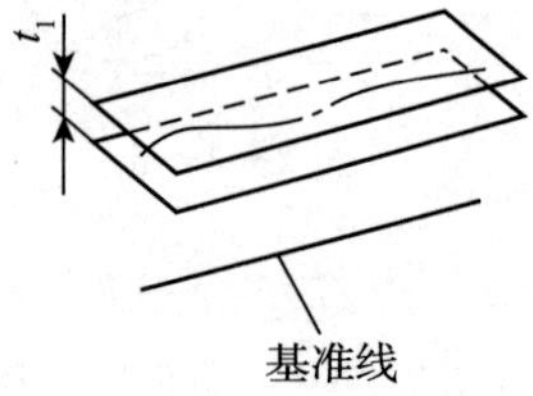

图 2—2—2

二、垂直度（⊥）

垂直度用于评价直线之间、平面之间或平面与直线之间的垂直状态，公差带为垂直于基准线（面）的两个平行平面之间的区域，两个平行平面间的距离为 t（t=0.06），被测线（面）必须位于这两个平面之间。如图 2—2—3 所示。

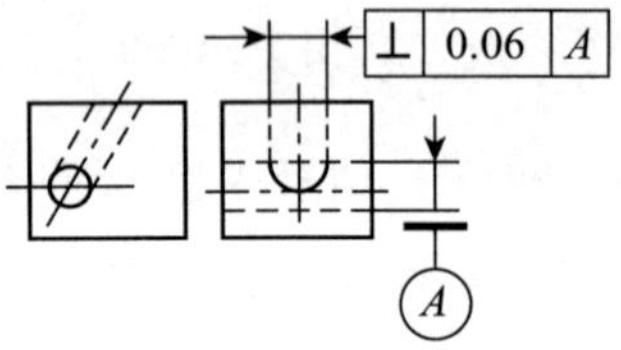

图 2—2—3

标注释义：被测孔的轴线必须位于距离为公差值 t（t=0.06）且垂直于基准线 A（基准孔轴线）的两平行平面之间，其公差带是距离为公差值 t 且垂直于基准线的两平行平面之间的区域。如图 2—2—4 所示。

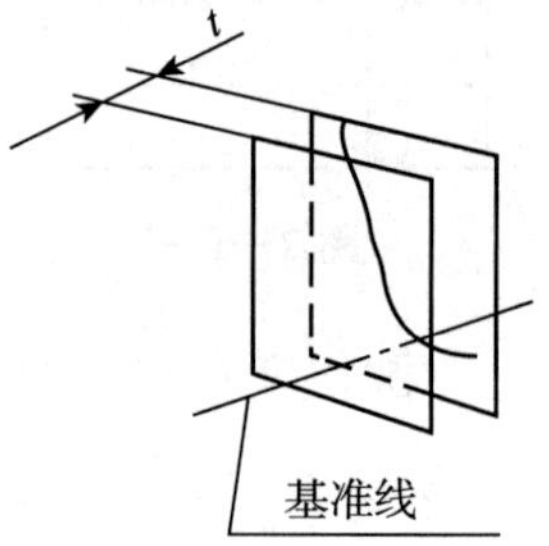

图 2—2—4

三、倾斜度（∠）

倾斜度与垂直度相似。如图 2—2—5 所示。

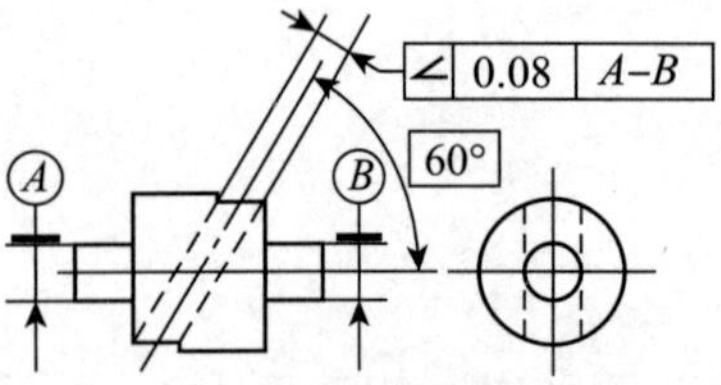

图 2—2—5

标注释义：被测孔的轴线必须位于距离为公差值 t（t = 0.08）且与 $A-B$ 公共基准线成一理论正确角度 α（α=60°）的两平行平面之间，即图 2—2—6 所示两平行平面之间的区域。

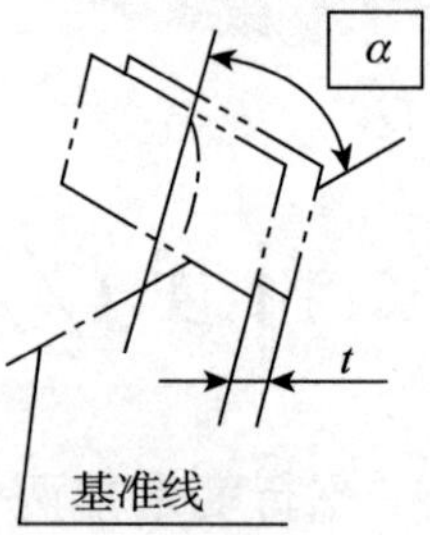

图 2—2—6

四、位置度（⊕）

位置度用于形容测量点或线与其理论所在位置的偏差，公差带即为该偏差的大小。

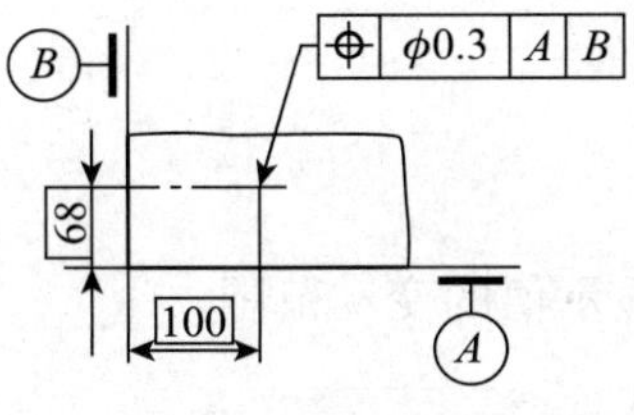

图 2—2—7

标注释义：图 2—2—7 中表示位置度的箭头所指点必须位于以公差值 0.3 为直径的圆内（$\varphi t=\varphi 0.3$），该圆的圆心位于相对基准线 A 和 B（基准直线）所确定的点的理想位置上，即距 A 面 68，距 B 面 100，公差带范围如图 2—2—8 所示。

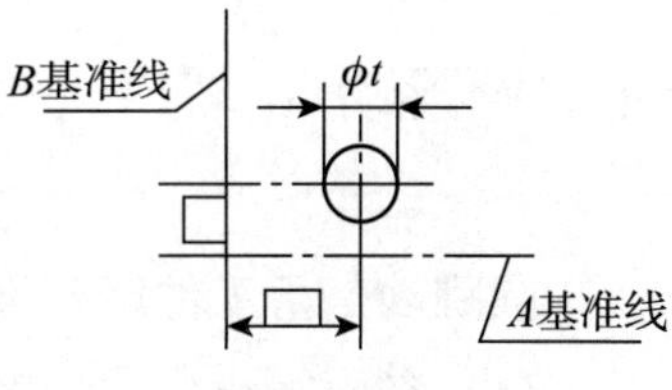

图 2—2—8

五、同轴度（同心度）（◎）

同轴度是指工件要求的轴线偏离基准线所在直线的程度，即理论上应在同一直线上的两根轴线，它们发生了偏离，规定该偏离的最大值为 $t/2$。

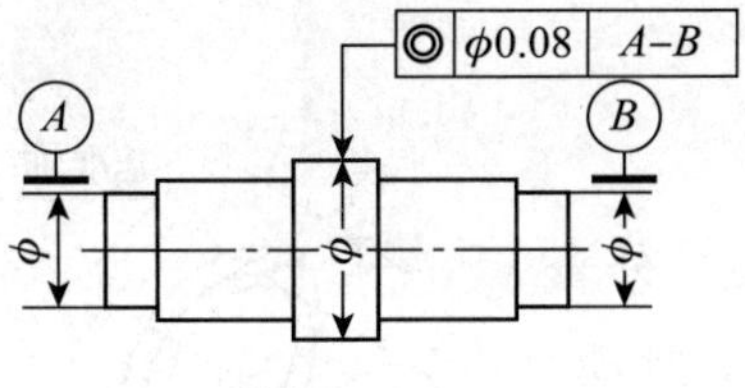

图 2—2—9

标注释义：图 2—2—9 中有同轴度要求的大圆的轴线必须位于以公共基准轴线 $A-B$ 为轴线，以公差值 t（$t=0.08$）为直径的圆柱内，其公差带范围如图 2—2—10 所示。

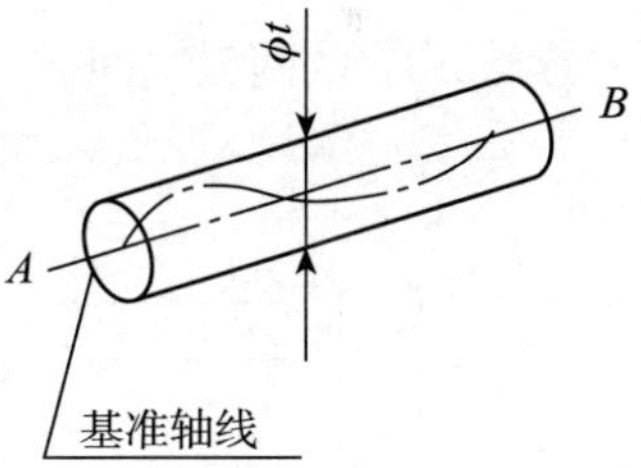

图 2—2—10

六、对称度（═）

对称度是指加工两表面的中心平面偏离基准的程度，即要求的对称中心与实际对称中心保持在同一平面内的状况。

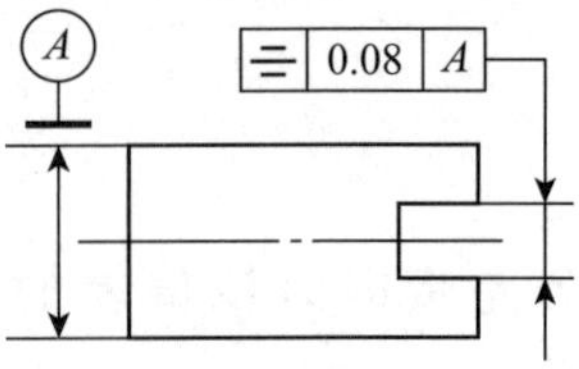

图 2—2—11

标注释义：图 2—2—11 中对称度图标所要表示的面为两加工面的中心平面，该中心平面必须位于距离为公差值 0.08 且相对于基准中心平面 *A* 对称分布的两平行平面之间。如图 2—2—12 所示。

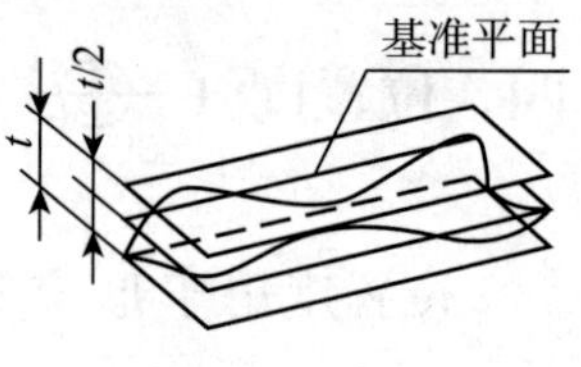

图 2—2—12

七、圆跳动（↗）

圆跳动是指工件绕基准旋转一周，测量器具在固定位置的显示值的变动范围。

（1）径向圆跳动。如图 2—2—13 所示。

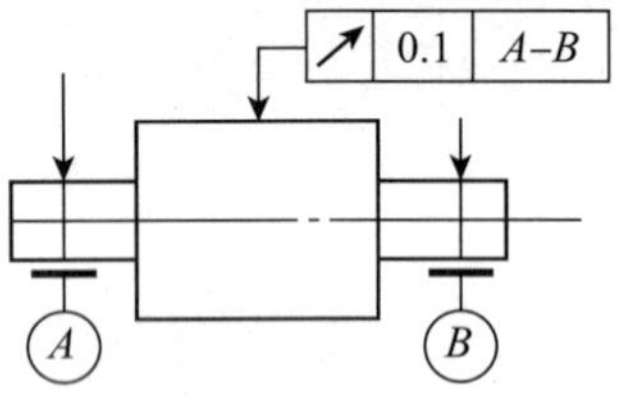

图 2—2—13

标注释义：当被测圆柱表面绕基准线 *A*－*B*（公共基准轴线）旋转一周时，圆柱表面任一截面圆的径向跳动量均不得大于 t（t=0.1）。如图 2—2—14。

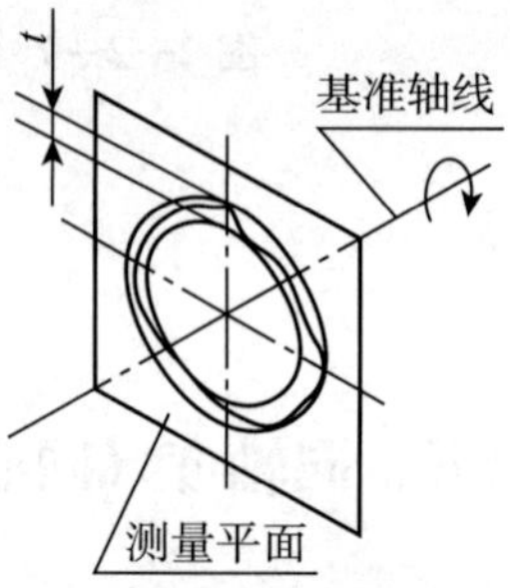

图 2—2—14

（2）端面圆跳动。如图 2—2—15 所示。

标注释义：被测端面绕基准线 *D*（图 2—2—16 中零件的基准轴线）旋转一周时，端面的任一点的轴向跳动量均不得大于 0.1，如图 2—2—16 所示，端面的移动范围必须在相距为 t（t=0.1）的两面之间。

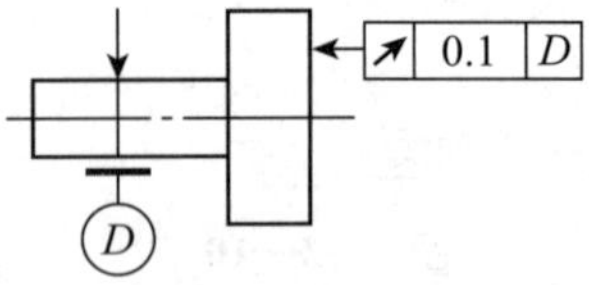

图 2—2—15

区别：径向圆跳动测量的是圆柱外表面随圆柱绕基准的转动产生的径向跳动，而端面圆跳动测量的是圆柱的端面产生的轴向跳动。

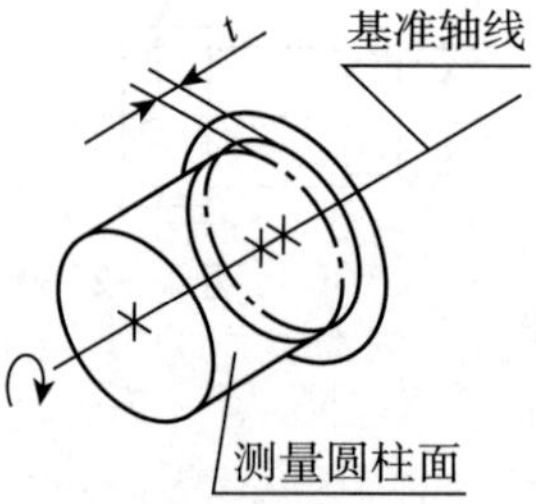

图 2—2—16

任务三　公差原则

有些几何要素，既有尺寸公差要求，又有几何公差要求，反映两者之间关系的原则称为公差原则。公差原则按几何公差是否与尺寸公差发生关系，分为独立原则和相关要求。

一、独立原则

独立原则指图样上给定的每一个尺寸和形状、方向、位置要求均是独立的，应分别满足要求。

遵守独立原则的精度要求，不需要在图样上特别注明。如果对尺寸与形状精度、尺寸与方向精度、尺寸与位置精度之间的相互关系有特定要求，则应在图样上标明。独立原则是尺寸公差与几何公差相互关系应遵循的基本原则。

如图 2—3—1（a）所示，提取圆柱面的基本尺寸应在上极限尺寸与下极限尺寸（φ149.96～φ150mm）之间，其形状误差应在给定的相应形状公差之内，不论提取圆柱面的局部尺寸如何变动，均允许达到给定的最大值。如图 2—3—1（b）、（c）所示。

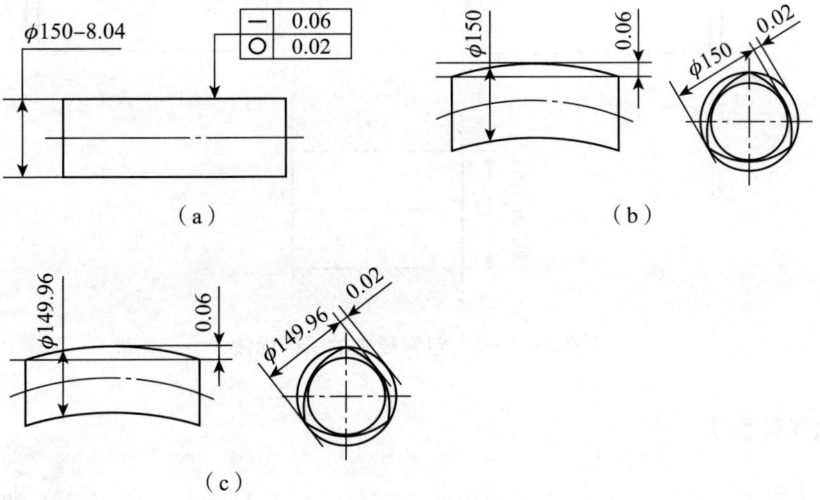

图 2—3—1　独立原则的图样标注

独立原则的特点：

（1）尺寸公差仅控制要素的提取组成要素的局部尺寸，不控制其几何误差。

（2）给出的几何公差为定值，不随提取组成要素的局部尺寸的变化而变化。

独立原则一般用于非配合零件，或对几何误差要求严格而对尺寸误差要求较低的场合。

二、相关要求

相关要求是指图样上给定的尺寸公差和几何公差相互有关的公差要求。相关要求分为包容要求、最大实体要求、最小实体要求和可逆要求。

1. 包容要求

包容要求表示提取组成要素不得超越其最大实体边界（MMB），其局部尺寸不得超出最小实体尺寸（LMS）。

采用包容要求的尺寸要素，应在其尺寸极限偏差或公差带代号之后标注符号“Ⓔ”。

采用包容要求的尺寸，其对应的实际轮廓应遵守最大实体边界，即其体外作用尺寸不得超出最大实体尺寸，且其局部实际尺寸不得超出最小实体尺寸。

包容要求应用举例（见图 2—3—2）：

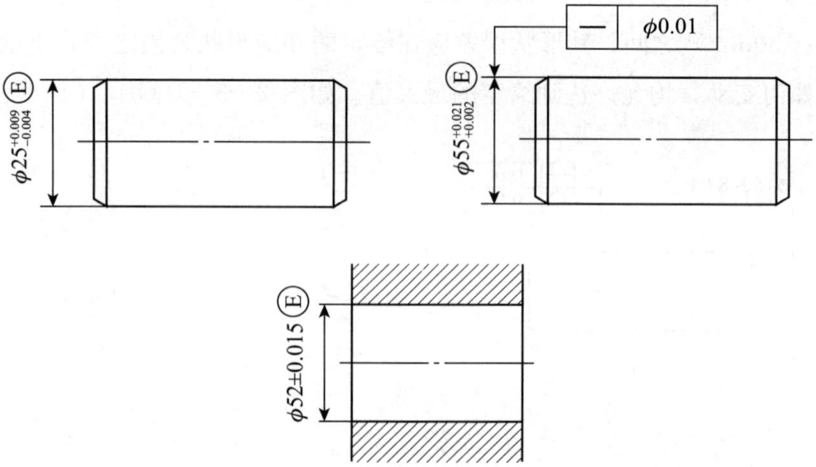

图 2—3—2　包容要求的图样标注

2. 最大实体要求

最大实体要求是指尺寸要素的非理想要素不得违反其最大实体实效状态的一种尺寸要素要求，即尺寸要素的非理想要素不得超越其最大实体实效状态。当被测要素的实际状态偏离了最大实体实效状态时，可将被测要素的尺寸公差部分或全部补偿给几何公差。此时在图样上标注符号“Ⓜ”。

最大实体要求用于被测要素和基准要素时，应分别在被测要素几何公差框格中的公差值和基准字母代号后标注符号“Ⓜ”。

最大实体要求应用举例，见图 2—3—3、图 2—3—4。

3. 最小实体要求

最小实体要求是指被测要素的实际轮廓处于其最小实体实效边界之内的一种公差要求，即实际要素遵守最小实体实效边界（VS 边界）。当被测要素的实际状态偏离了最小实体实效

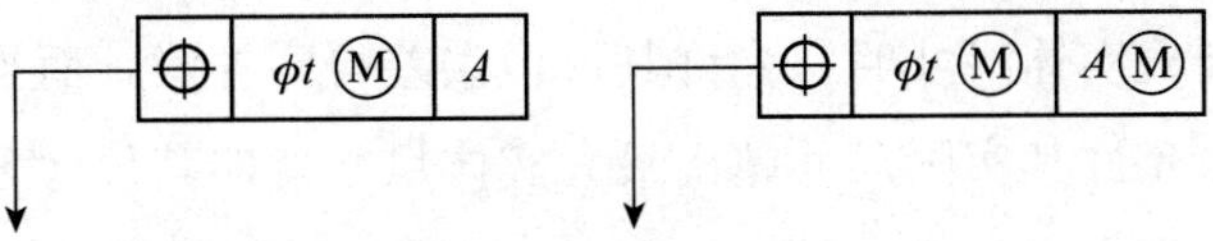

(a)　　　　　　　　(b)

图 2—3—3　最大实体要求的图样标注

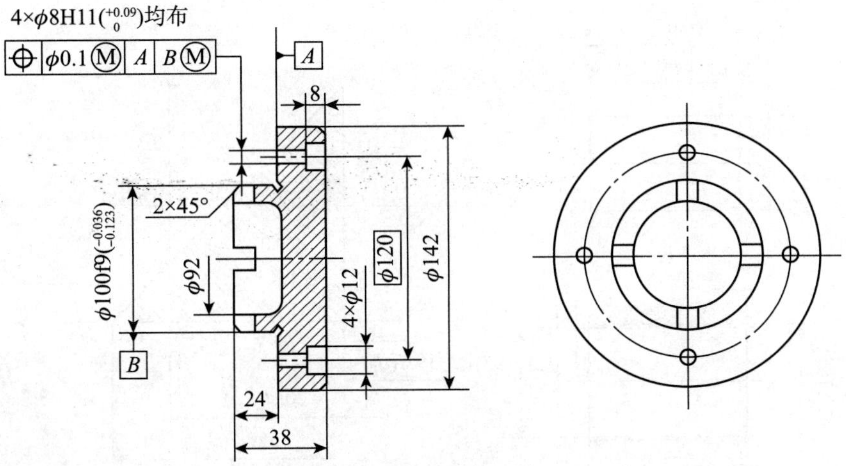

图 2—3—4　端盖零件示意图

状态时，可将被测要素的尺寸公差部分或全部补偿给几何公差。此时在图样上标注符号“Ⓛ”。如图 2—3—5 所示。

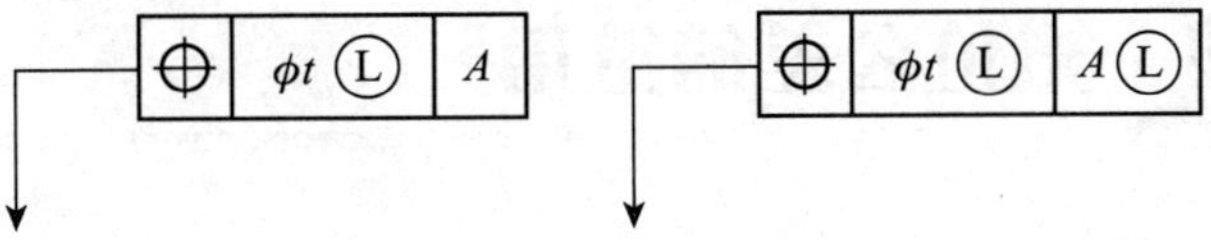

(a)　　　　　　　　(b)

图 2—3—5　最小实体要求的图样标注

最小实体要求常用于保证机械零件必要的强度和最小壁厚的场合。如减速器吊耳孔的位置度、具有内孔的台阶轴内外圆的同轴度等。最小实体要求用于导出要素，不能用于组成要素。

4. 可逆要求

可逆要求是既允许尺寸公差补偿给几何公差，反过来也允许几何公差补偿给尺寸公差的一种要求。可逆要求通常与最大实体要求或最小实体要求一起使用，不能单独使用。

可逆要求应用于最大实体要求时，被测要素的实际轮廓应遵守最大实体实效边界，当其实际尺寸偏离最大实体尺寸时，允许其形位误差得到补偿，而当其形位误差小于给出的形位公差时，也允许其实际尺寸超出最大实体尺寸，即其尺寸公差值可以增大，这种要求称为“可逆的最大实体要求”。此时，在图样上的形位公差框格中的形位公差后标注符号“ⓂⓇ”。

可逆要求标注示例（见图 2—3—6）：

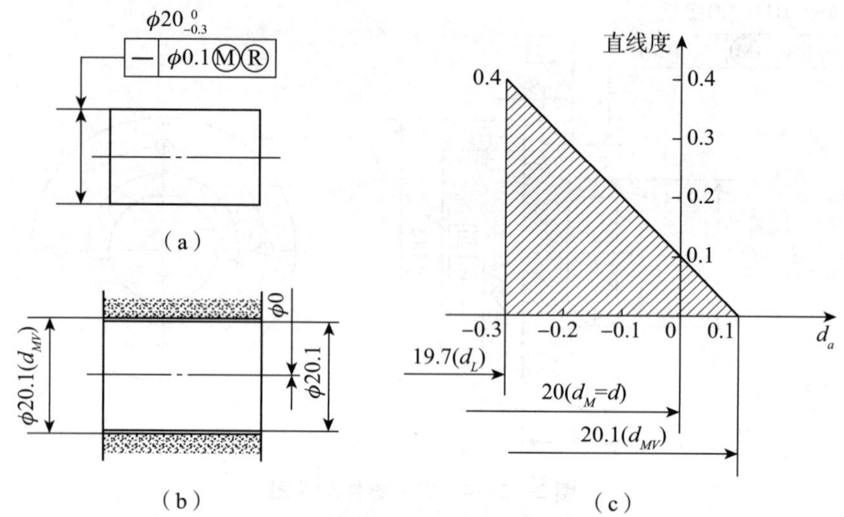

图 2—3—6　可逆要求的图样标注

任务四　形位公差的选用

形位公差选用总的原则是在满足零件功能要求的前提下，考虑工艺经济性和检测条件，选择最经济的公差值。

根据零件的功能要求、结构、刚性和加工经济性等条件，采用类比法，按公差表中的数系确定要素的公差值，并应考虑公差值之间的协调关系。

（1）同一要素上给定的形状公差值应小于位置公差值。如在同一平面上，其平面度公差值应小于该平面基准平行度公差值。

（2）圆柱形零件的形状公差值一般情况下应小于其尺寸公差值。圆度、圆柱度公差值小于同级尺寸公差值的 1/3，因而可按同级选取。如尺寸公差为 IT6，则圆度、圆柱度公差通常也应选为 6 级。

（3）对于下列情况，考虑到加工难易程度和除主要参数外其他参数的影响，在满足零件功能要求的前提下，可适当降低 1～2 级。

1）孔相对于轴。

2）细长的轴和孔。

3）距离较大的轴和孔。

4）宽度较大（一般小于 1/2 长度）的零件表面，线对线和线对面相对于面对面的平行度、垂直度公差。

（4）选用形状公差等级时，还应注意协调形状公差与表面粗糙度之间的关系。通常情况下，表面粗糙度的数值约占形状误差值的 20%～25%。

（5）在通常情况下，零件被测要素的形状误差比位置误差小得多，因此给定平行度或垂直度公差的两个平面，其平面度公差等级应不低于平行度或垂直度的公差等级；同一圆柱面的圆度公差等级应不低于其径向圆跳动公差等级。

相关公差选用见表 2—4—1～表 2—4—5。

表 2—4—1　　直线度、平面度公差（μm）

主参数 L（mm）	精度等级											
	1	2	3	4	5	6	7	8	9	10	11	12
≤10	0.2	0.4	0.8	1.2	2	3	5	8	12	20	30	60
>10～16	0.25	0.5	1	1.5	2.5	4	6	10	15	25	40	80
>16～25	0.3	0.6	1.2	2	3	5	8	12	20	30	50	100
>25～40	0.4	0.8	1.5	2.5	4	6	10	15	25	40	60	120
>40～63	0.5	1	2	3	5	8	12	20	30	50	80	150
>63～100	0.6	1.2	2.5	4	6	10	15	25	40	60	100	200
>100～160	0.8	1.5	3	5	8	12	20	30	50	80	120	250
>160～250	1	2	4	6	10	15	25	40	60	100	150	300
>250～400	1.2	2.5	5	8	12	20	30	50	80	120	200	400
>400～630	1.5	3	6	10	15	25	40	60	100	150	250	500
>630～1 000	2	4	8	12	20	30	50	80	120	200	300	600
>1 000～1 600	2.5	5	10	15	25	40	60	100	150	250	400	800
>1 600～2 500	3	6	12	20	30	50	80	120	200	300	500	1 000
>2 500～4 000	4	8	15	25	40	60	100	150	250	400	600	1 200
>4 000～6 300	5	10	20	30	50	80	120	200	300	500	800	1 500
>6 300～10 000	6	12	25	40	60	100	150	250	400	600	1 000	2 000

表 2—4—2　　圆度、圆柱度公差（μm）

主参数 *L*（mm）	精度等级												
	0	1	2	3	4	5	6	7	8	9	10	11	12
≤3	0.1	0.2	0.3	0.5	0.8	1.2	2	3	4	6	10	14	25
>3～6	0.1	0.2	0.4	0.6	1	1.5	2.5	4	5	8	12	18	30
>6～10	0.12	0.3	0.4	0.6	1	1.5	2.5	4	6	9	15	22	36
>10～18	0.15	0.3	0.5	0.8	1.2	2	3	5	8	11	18	27	43
>18～30	0.2	0.3	0.6	1	1.5	2.5	4	6	9	13	21	33	52
>30～50	0.25	0.4	0.6	1	1.5	2.5	4	7	11	16	25	39	62
>50～80	0.3	0.5	0.8	1.2	2	3	5	8	13	19	30	46	74
>80～120	0.4	0.6	1	1.5	2.5	4	6	10	15	22	35	54	87
>120～180	0.6	1	1.2	2	3.5	5	8	12	18	25	40	63	100
>180～250	0.8	1.2	2	3	4.5	7	10	14	20	29	46	72	115
>250～315	1	1.6	2.5	4	6	8	12	16	23	32	52	81	130
>315～400	1.2	2	3	5	7	9	13	18	25	36	57	89	140
>400～500	1.5	2.5	4	6	8	10	15	20	27	40	63	97	155

表 2—4—3　　平行度、垂直度、倾斜度公差（μm）

主参数 *L*（mm）	精度等级											
	1	2	3	4	5	6	7	8	9	10	11	12
≤10	0.4	0.8	1.5	3	5	8	12	20	30	50	80	120
>10～16	0.5	1	2	4	6	10	15	25	40	60	100	150
>16～25	0.6	1.2	2.5	5	8	12	20	30	50	80	120	200
>25～40	0.8	1.5	3	6	10	15	25	40	60	100	150	250
>40～63	1	2	4	8	12	20	30	50	80	120	200	300
>63～100	1.2	2.5	5	10	15	25	40	60	100	150	250	400
>100～160	1.5	3	6	12	20	30	50	80	120	200	300	500
>160～250	2	4	8	15	25	40	60	100	150	250	400	600
>250～400	2.5	5	10	20	30	50	80	120	200	300	500	800
>400～630	3	6	12	25	40	60	100	150	250	400	600	1 000
>630～1 000	4	8	15	30	50	80	120	200	300	500	800	1 200
>1 000～1 600	5	10	20	40	60	100	150	250	400	600	1 000	1 500
>1 600～2 500	6	12	25	50	80	120	200	300	500	800	1 200	2 000
>2 500～4 000	8	15	30	60	100	150	250	400	600	1 000	1 500	2 500
>4 000～6 300	10	20	40	80	120	200	300	500	800	1 200	2 000	3 000
>6 300～10 000	12	25	50	100	150	250	400	600	1 000	1 500	2 500	4 000

表 2—4—4　　　　同轴度、对称度、圆跳动和全跳动公差（μm）

主参数 L（mm）	精度等级											
	1	2	3	4	5	6	7	8	9	10	11	12
≤1	0.4	0.6	1	1.5	2.5	4	6	10	15	25	40	60
>1～3	0.4	0.6	1	1.5	2.5	4	6	10	20	40	60	120
>3～6	0.5	0.8	1.2	2	3	5	8	12	25	50	80	150
>6～10	0.6	1	1.5	2.5	4	6	10	15	30	60	100	200
>10～18	0.8	1.2	2	3	5	8	12	20	40	80	120	250
>18～30	1	1.5	2.5	4	6	10	15	25	50	100	150	300
>30～50	1.2	2	3	5	8	12	20	30	60	120	200	400
>50～120	1.5	2.5	4	6	10	15	25	40	80	150	250	500
>120～250	2	3	5	8	12	20	30	50	100	200	300	600
>250～500	2.5	4	6	10	15	25	40	60	120	250	400	800
>500～800	3	5	8	12	20	30	50	80	150	300	500	1 000
>800～1 250	4	6	10	15	25	40	60	100	200	400	600	1 200
>1 250～2 000	5	8	12	20	30	50	80	120	250	500	800	1 500
>2 000～3 150	6	10	15	25	40	60	100	150	300	600	1 000	2 000
>3 150～5 000	8	12	20	30	50	80	120	20	400	800	1 200	2 500
>5 000～8 000	10	15	25	40	60	100	150	250	500	1 000	1 500	3 000
>8 000～10 000	12	20	30	50	80	120	200	300	600	1 200	2 000	4 000

表 2—4—5　　　　未注形位公差的公差值及确定方法（摘自 GB/T 1184—1996）

直线度、平面度				垂直度				对称度				圆跳动		
基本长度	公差等级			基本长度	公差等级			基本长度	公差等级			公差等级		
	H	K	L		H	K	L		H	K	L	H	K	L
≤10	0.02	0.05	0.1											
>10～30	0.05	0.1	0.2	≤100	0.2	0.4	0.6	≤100	0.5	0.6	0.6			
>30～100	0.1	0.2	0.4									0.1	0.2	0.5
>100～300	0.2	0.4	0.8	>100～300	0.3	0.6	1	>100～300	0.5	0.6	1			
>300～1 000	0.3	0.6	1.2	>300～1 000	0.4	0.8	1.5	>300～1 000	0.5	0.8	1.5			
>1 000～3 000	0.4	0.8	1.6	>1 000～3 000	0.5	1	2	>1 000～3 000	0.5	1	2			

公差项目	公差值
圆度	等于给出的直径公差值，但不能大于径向圆跳动值
圆柱度	不作规定。圆柱度误差由圆度、直线度和相对应线的平行度误差三部分组成，而其中每一项误差均由它们的注出公差或未注公差控制；如因功能原因，圆柱度小于圆度、直线度和平行度的未注公差，则应在被测要素上按国标规定注出圆柱度公差数值，有时由于配合要求也可采用包容要求
平行度	等于给出的尺寸公差值，或是直线度和平面度未注公差值的较大者
同轴度	未作规定。在极限状况下，同轴度的未注公差值可以和径向圆跳动的未注公差值相等

【小结】

本项目主要讲述了形位公差的基本概念、分类、符号及标注方法。

公差原则是指反映形位公差与尺寸公差之间关系的原则，可分为独立原则与相关要求。形位公差的选择一般应结合生产实际进行。

【思考题】

1. 形位公差可分为哪几类？各用什么符号表示？

2. 公差原则包含哪些内容？

3. 判断题

（1）在图样上给定了形状或位置公差要求的要素称为实际要素。（　　）

（2）基准本身是一个理想要素。（　　）

（3）只有形状公差要求的要素是单一要素。（　　）

（4）具有位置公差要求的要素必定是关联要素。（　　）

（5）只要被测要素的形状误差小于或等于形位公差，则该要素一定位于形位公差带内。（　　）

（6）形位公差带的大小由给定的形位公差 t 所决定。（　　）

（7）关联实际要素就是有位置公差要求的被测要素。（　　）

（8）标注被测要素时，可用带箭头的指引线将被测要素与公差框格的一端相连。指引线的指向应与公差带的宽度或直径方向相一致。（　　）

4. 说明图中形位公差代号的含义。

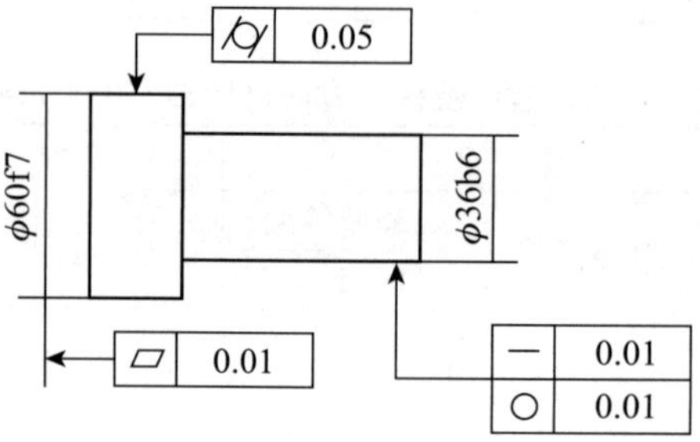

5. 将下列技术要求用代号标注在下图上。

（1）φ20d7 圆柱面任一素线的直线度公差值为 0.05mm。

（2）φ40m7 轴线相对于 φ20d7 轴线的同轴度公差值为 φ0.01mm。

（3）φ10H6 槽的两平行平面中任一平面对另一平面的平行度公差值为 0.015mm。

（4）φ10H6 槽的中心平面对 φ40m7 轴线的对称度公差值为 0.01mm。

（5）φ20d7 圆柱面的轴线对 φ40m7 圆柱右端面的垂直度公差值为 φ0.02mm。

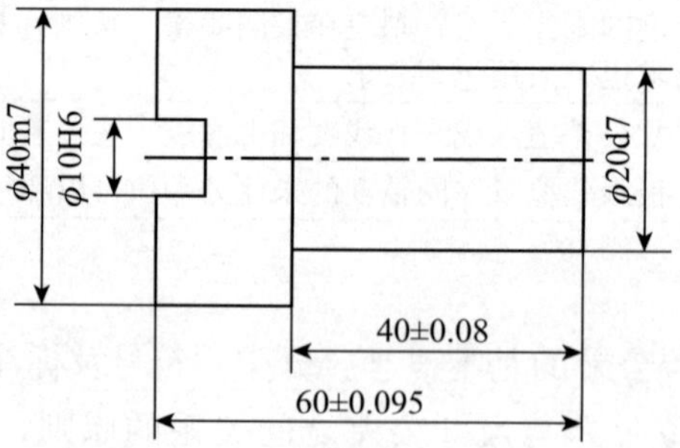

项目三　表面粗糙度

学习目标

1. 了解表面粗糙度的基本概念。
2. 了解表面粗糙度的评定参数。
3. 掌握表面粗糙度的标注及选用。

任务实施

任务一　表面糙度概述

一、表面粗糙度的基本概念

经过机械加工或用其他加工方法获得的零件表面，由于加工过程中的塑性变形、机床的高频振动以及刀具在加工表面留下的切削痕迹及表面留有残留物等原因，零件的表面不可能是绝对光洁的。

在零件加工表面存在几何形状误差。零件表面几何形状误差（见图 3—1—1）分为形状误差（宏观几何形状误差）、表面粗糙度（微观几何形状误差）和表面波纹度。这三种误差通常以一定的波距 λ 和波高 h 之比来划分。一般 λ/h 的比值大于 1 000 的为形状误差，其中 $\lambda \leqslant 1\text{mm}$；小于 40 的为表面粗糙度，其中 $1\text{mm} \leqslant \lambda \leqslant 10\text{mm}$；介于两者之间的为表面波纹度，其中 $\lambda > 10\text{mm}$。

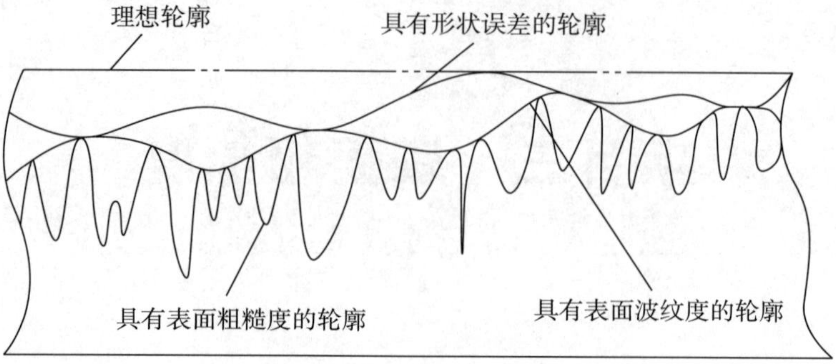

图 3—1—1　零件表面的几何形状误差

二、表面粗糙度对零件使用性能的影响

表面粗糙度对零件表面许多功能都有影响，主要表现在以下几个方面。

1. 影响配合性质

对于有配合要求的零件表面，由于相对运动会导致微小的波峰磨损，所以会影响配合性质。

（1）间隙配合：零件粗糙表面的波峰会很快磨去，导致间隙增大，影响原有的配合功能。

（2）过盈配合：在装配零件时会将波峰挤平填入波谷，使实际有效过盈量减小，降低了联结强度。

（3）过渡配合：零件会在使用和拆装过程中发生磨损，使配合变松，降低了定位和导向的精度。

2. 耐磨性

相互接触的表面由于存在微观几何形状误差，只能在轮廓峰顶处接触，实际有效接触面积减小，导致单位面积上压力增大，表面磨损加剧；但过于光滑（即表面粗糙度值过小）的零件表面，由于金属分子间的吸附作用，接触表面的润滑油会被挤掉形成干摩擦，这也会导致摩擦系数增大而加剧磨损。

3. 耐腐蚀性

腐蚀性气体或液体容易积存在波谷底部，从而导致腐蚀作用从波谷底部向金属零件内部深入，造成锈蚀，因此零件表面越粗糙，波谷越深，腐蚀就越严重。

4. 抗疲劳强度

零件粗糙表面的波谷处，在交变载荷、重载荷作用下易引起应力集中，使抗疲劳强度降低。

此外，表面粗糙度对接触刚度、结合面的密封性、零件的外观、零件表面导电性等都有影响。因此为保证零件的使用性能和互换性，在设计零件几何精度时必须提出合理的表面粗糙度要求。

任务二　表面粗糙度的评定

我国根据 ISO 1101 制定的有关表面粗糙度的国家标准有：

(1) GB/T 3505—2009：《产品几何技术规范（GPS）表面结构　轮廓法　术语、定义及表面结构参数》。

(2) GB/T 1031—2009：《产品几何技术规范（GPS）表面结构　轮廓法　表面粗糙度参数及其数值》。

(3) GB/T 131—2006：《产品几何技术规范（GPS）技术产品文件中表面结构的表示法》。

一、基本术语及定义

1. 实际轮廓

实际轮廓是指平面与实际表面垂直相交所得的轮廓线。通常指横向实际轮廓，即与加工纹理方向垂直的截面上的轮廓。如图 3—2—1 所示。

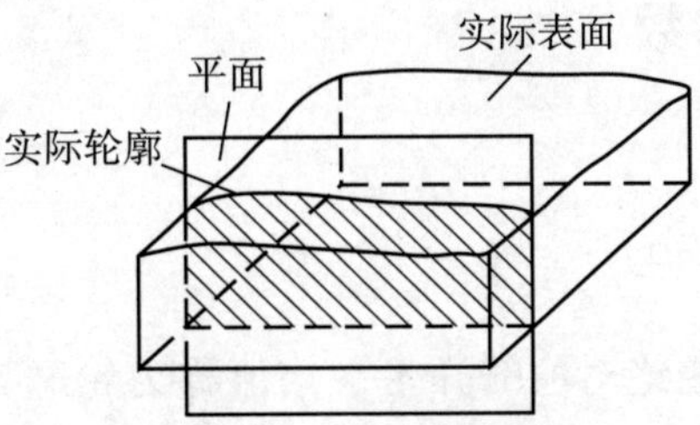

图 3—2—1　实际轮廓

2. 取样长度（l_r）

取样长度是用于判别被评定轮廓的不规则特征的 x 轴方向上的长度，即评定表面粗糙度所规定的一段基准线长度。一般在一个取样长度内应包含 5 个以上的峰和谷。

规定 l_r 的目的：限制和减弱表面波纹度对表面粗糙度测量结果的影响，客观反映表面粗糙度。

3. 评定长度（l_n）

评定长度是用于判别被评定轮廓的 x 轴方向上的长度。它可包括一个或几个取样长度。

由于零件表面粗糙度不一定均匀，在一个取样长度上往往不能合理地反映该表面粗糙度的特性，因此要取几个连续取样长度，一般取 $l_n=5l_r$。若被测表面比较均匀，可选 $l_n<5l_r$；若被测表面均匀性差或测量精度要求高，可选 $l_n>5l_r$。

4. 基准线

基准线是用以评定表面粗糙度参数值大小所给定的一条参考线，标准规定采用中线制，即以中线为基准线评定轮廓的计算制。中线是具有几何轮廓形状并划分轮廓的基准线。

取样长度、评定长度和基准线如图 3—2—2 所示。

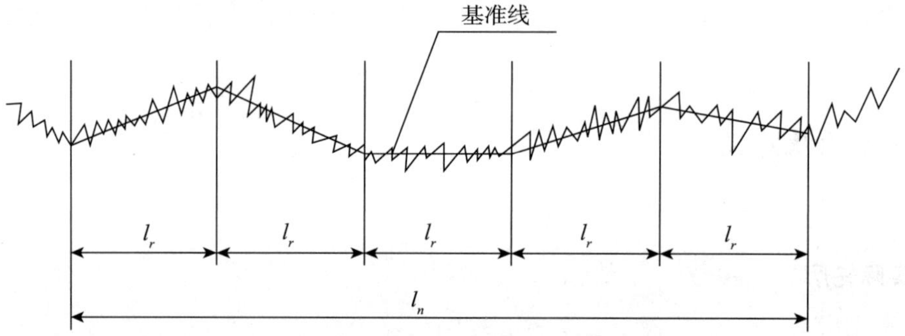

图 3—2—2　取样长度、评定长度和基准线

二、表面粗糙度的评定参数

1. 轮廓算术平均偏差（Ra）

在取样长度内，轮廓偏距绝对值的算术平均值称为轮廓算术平均偏差，如图 3—2—3 所示，其表达式为：

$$Ra=\frac{1}{l}\int_{0}^{l}|y|d_x$$

或近似为：

$$Ra=\frac{1}{n}\sum_{i=1}^{n}|y_i|$$

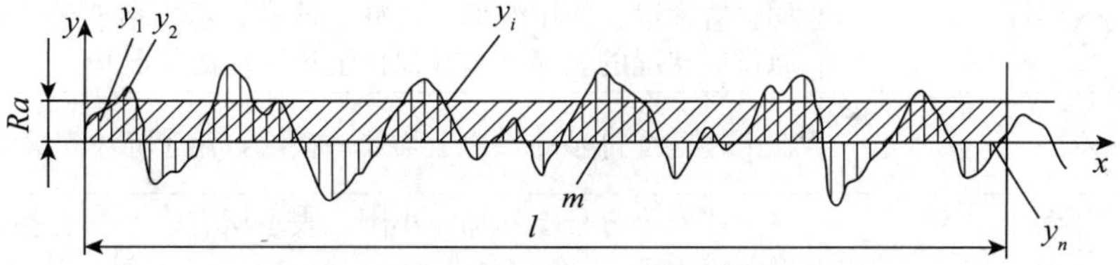

图 3—2—3　轮廓算术平均偏差 *Ra* 的确定图解

Ra 优先选用的参数值见表 3—2—1。

表 3—2—1　　*Ra* 的数值（GB/T 1031—2009）

Ra	0.012	0.025	0.05	0.1	0.2	0.4	0.8
	1.6	3.2	6.3	12.5	25	50	100

2. 轮廓最大高度（*Ry*）

在取样长度内，轮廓峰顶线和轮廓谷底线之间的距离称为轮廓最大高度。轮廓峰顶线和轮廓谷底线分别指在取样长度内，平行于中线并通过轮廓最高点和最低点的线。

Ry 的表达式为：

$$Ry=y_{p\max}+y_{v\max}$$

式中，$y_{p\max}$为轮廓最大峰高；$y_{v\max}$为轮廓最大谷深。*Ry* 反映表面加工痕迹的深浅。

任务三　表面粗糙度的标注及选用

一、表面粗糙度的符号（见表 3—3—1）

表 3—3—1　　表面粗糙度的符号

符　　号	意义及说明
√	基本符号，表示表面可用任何方法获得。当不加注粗糙度参数值或有关说明（例如：表面处理、局部热处理状况等）时，仅适用于简化代号标注

续前表

符　　号	意义及说明
	基本符号加一短画，表示表面是用去除材料的方法获得的。例如：车、铣、钻、磨、剪切、抛光、腐蚀、电火花加工、气割等
	基本符号加一小圆，表示表面是用不去除材料的方法获得的。例如：铸、锻、冲压变形、热轧、冷轧、粉末冶金等。或者用于保持原供应状况的表面（包括保持上道工序的状况）
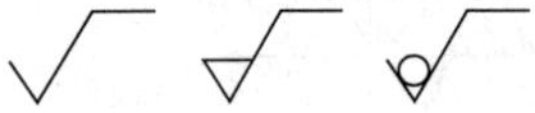	在上述三个符号的长边上均加一横线，用于标注有关参数和说明
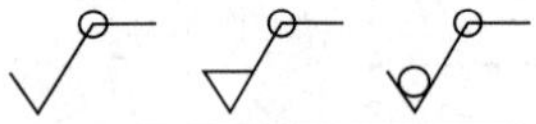	在上述三个符号上均加一小圆，表示所有表面具有相同的表面粗糙度要求

二、表面粗糙度的代号及标注

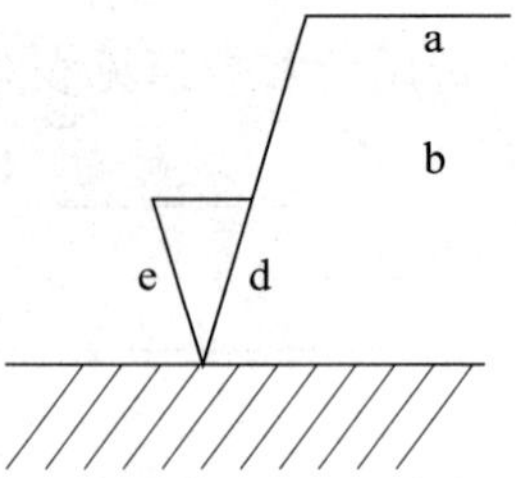

图 3—3—1　表面粗糙度的代号及标注

在表面粗糙度符号的基础上，注出表面粗糙度数值及其有关规定项目后就形成了表面粗糙度代号，如图 3—3—1 所示。

a——第一表面粗糙度要求。

b——第二表面粗糙度要求。

c——加工方法，如车、磨、镀等。

d——加工纹理方向符号（见表 3—3—4）。

e——加工余量（mm）。

三、表面粗糙度的标注参数及意义（见表 3—3—2、表 3—3—3）

表 3—3—2　　轮廓算术平均偏差 *Ra* 的标注示例及意义

代　号	意　义	代　号	意　义
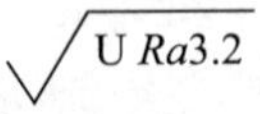 U *Ra*3.2	用任何方法获得的表面粗糙度，*Ra* 的上限值为 3.2μm	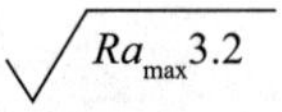 Ra_{max}3.2	用任何方法获得的表面粗糙度，*Ra* 的最大值为 3.2μm
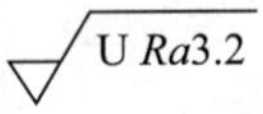 U *Ra*3.2	用去除材料的方法获得的表面粗糙度，*Ra* 的上限值为 3.2μm	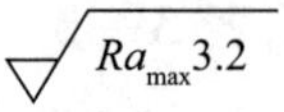 Ra_{max}3.2	用去除材料的方法获得的表面粗糙度，*Ra* 的最大值为 3.2μm
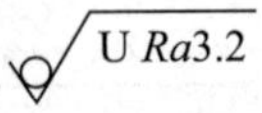 U *Ra*3.2	用不去除材料的方法获得的表面粗糙度，*Ra* 的上限值为 3.2μm	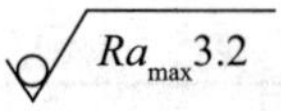 Ra_{max}3.2	用不去除材料的方法获得的表面粗糙度，*Ra* 的最大值为 3.2μm
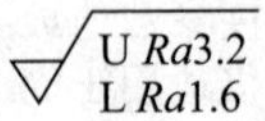 U *Ra*3.2 L *Ra*1.6	用去除材料方法获得的表面粗糙度，*Ra* 的上限值为 3.2μm，*Ra* 的下限值为 1.6μm	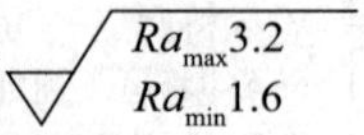 Ra_{max}3.2 Ra_{min}1.6	用去除材料的方法获得的表面粗糙度，*Ra* 的最大值为 3.2μm，*Ra* 的最小值为 1.6μm

表 3—3—3　　轮廓最大高度 Ry 的标注示例及意义

代　号	意　义
√U Ry3.2	用任何方法获得的表面粗糙度，Ry 的上限值为 3.2μm
√U Ry200	用不去除材料的方法获得的表面粗糙度，Ry 的上限值为 200μm
√U Ry3.2 L Ry1.6	用去除材料的方法获得的表面粗糙度，Ry 的上限值为 3.2μm，下限值为 1.6μm
√U Ra3.2 L Ry12.5	用去除材料的方法获得的表面粗糙度，Ra 的上限值为 3.2μm，Ry 的下限值为 12.5μm

常见的表面加工纹理方向符号见表 3—3—4。

表 3—3—4　　常见的表面加工纹理方向符号

符号	说　明	示　意　图
=	纹理平行于标注代号的视图的投影面	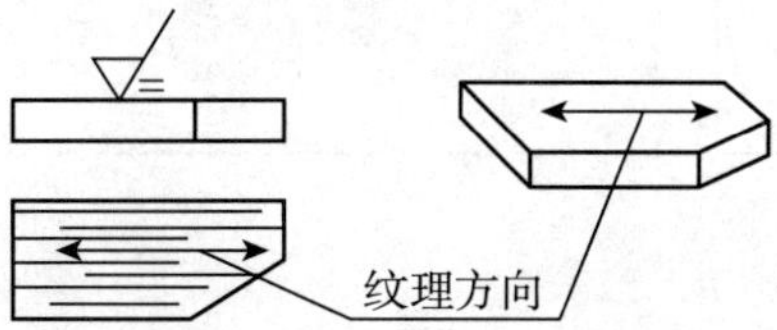
⊥	纹理垂直于标注代号的视图的投影面	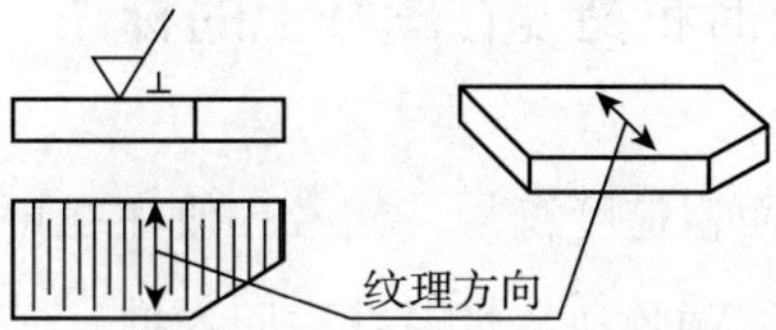
×	纹理呈两相交的方向	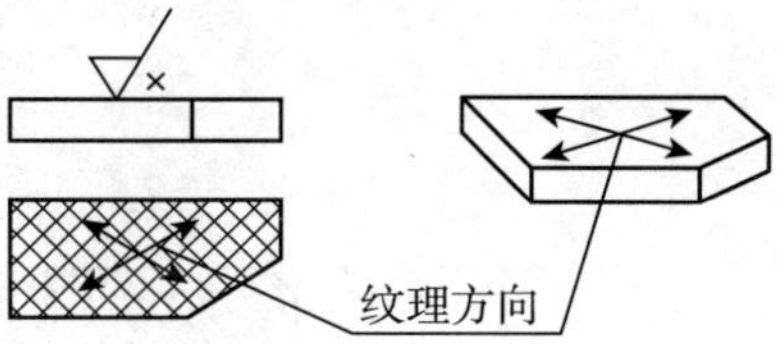
M	纹理呈多方向	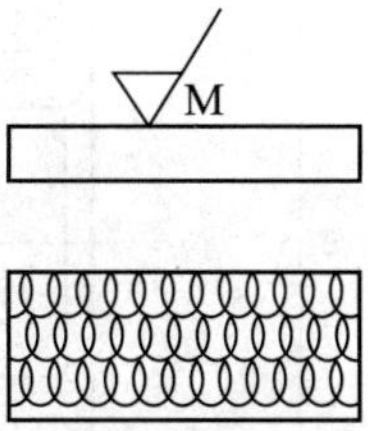
C	纹理呈近似同心圆	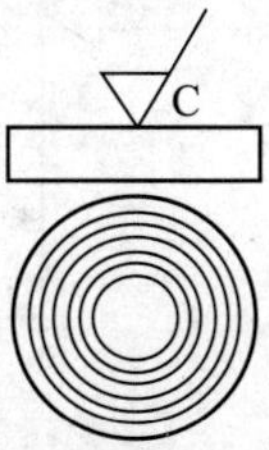

续前表

符号	说　明	示　意　图
R	纹理呈近似放射形	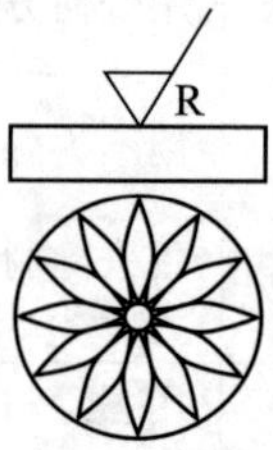
P	纹理无方向或呈凸起的细粒状	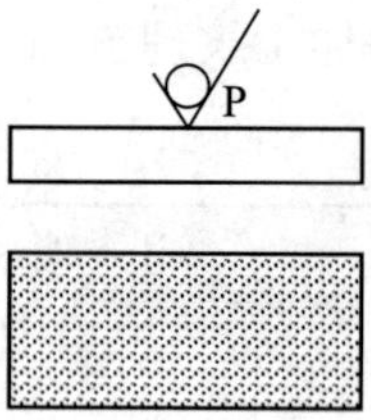

四、表面粗糙度在图样上的标注

表面粗糙度符号、代号一般注在可见轮廓线、尺寸界线、引出线或它们的延长线上。符号的尖端必须从材料外指向表面，见图 3—3—2（a）、（b）。

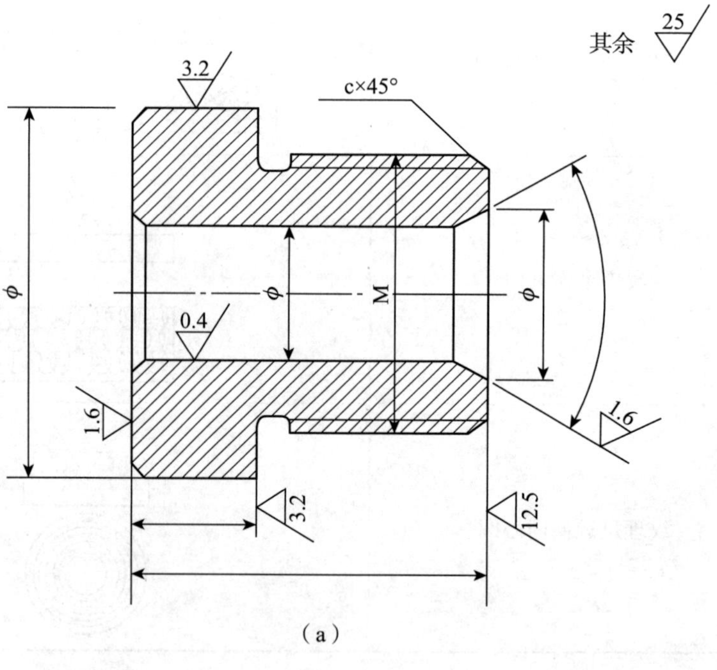

（a）

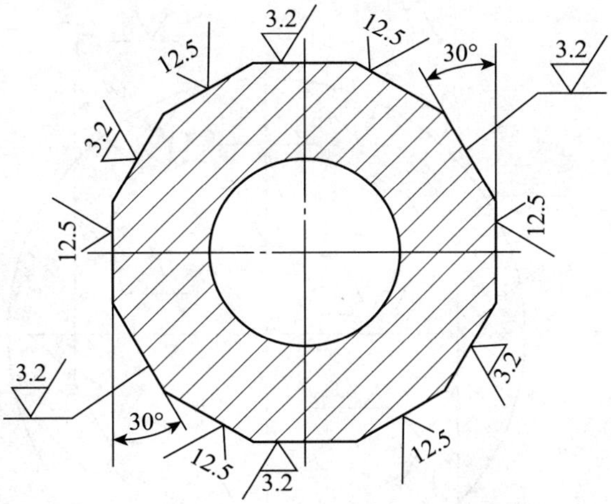

（b）

图 3—3—2

表面粗糙度代号中数字及符号的方向必须按图 3—3—2（a）、（b）的规定标注。

带有横线的表面粗糙度符号应按图 3—3—3（a）、（b）的规定标注。

在同一图样上，每一表面一般只标注一次符号、代号，并尽可能靠近有关的尺寸线，当位置狭小或不便标注时，符号、代号可以引出标注，见图 3—3—4。

当零件所有表面具有相同的表面粗糙度要求时，其符号、代号可在图样的右上角统一标注，见图 3—3—5。

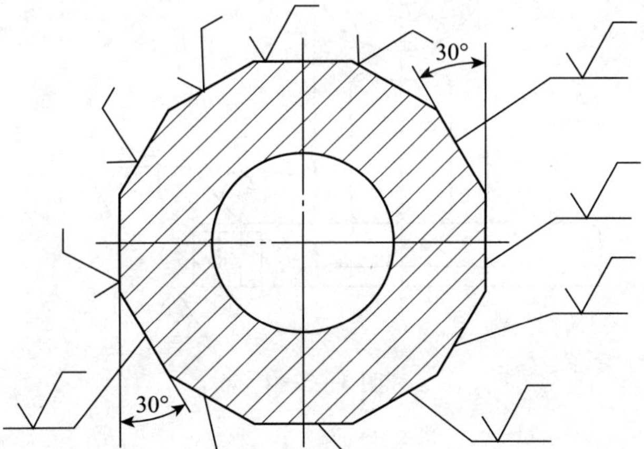

（a）

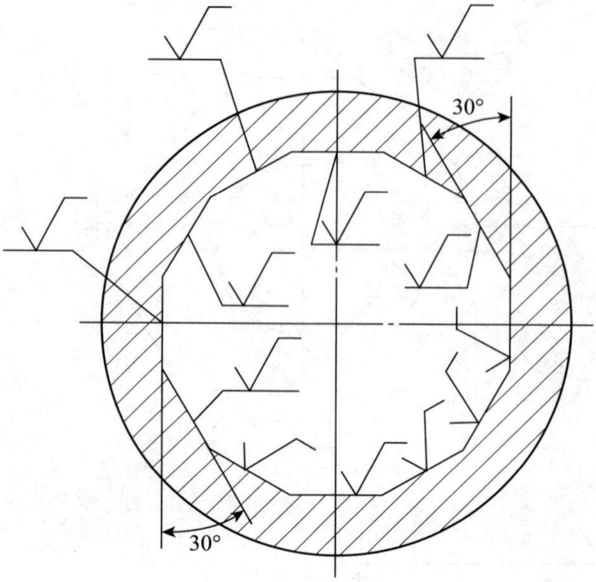

（b）

图 3—3—3

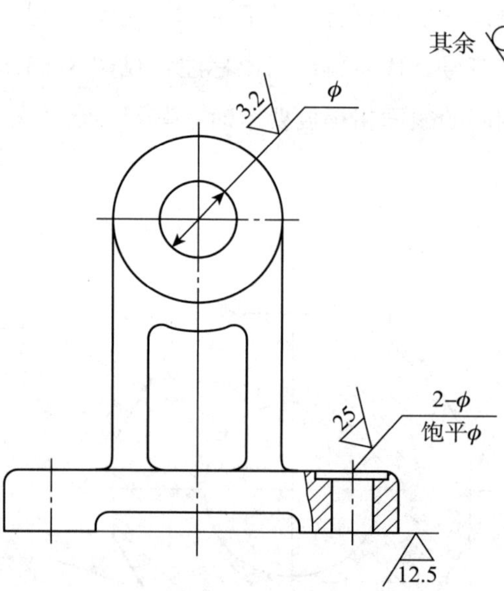

图 3—3—4

当用统一标注和简化标注的方法表达表面粗糙度要求时，其符号、代号和说明文字的高度均应是图形上其他表面所注代号和文字的 1.4 倍，见图 3—3—6。

当零件的大部分表面具有相同的表面粗糙度要求时，对其中使用最多的一种符号、代号可以统一注在图样的右上角，并加注“其余”两字，见图 3—3—7。

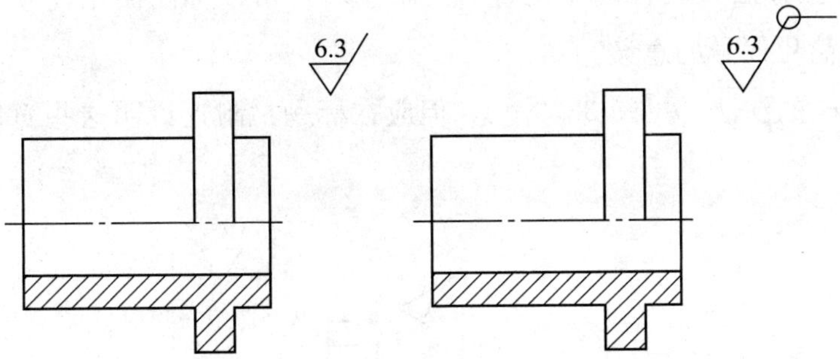

图 3—3—5

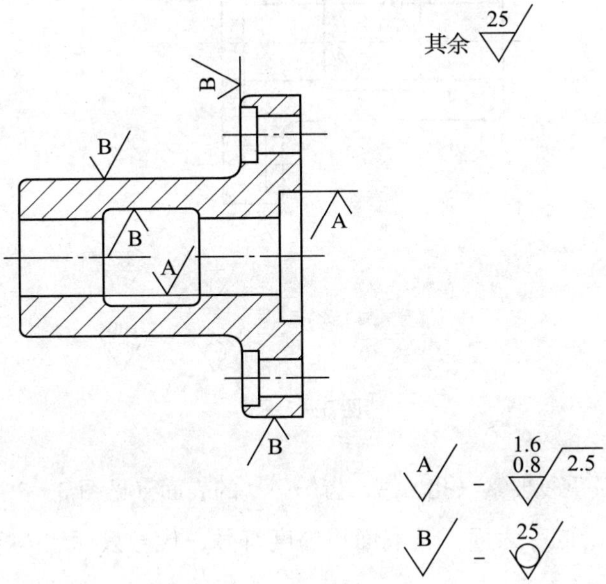

图 3—3—6

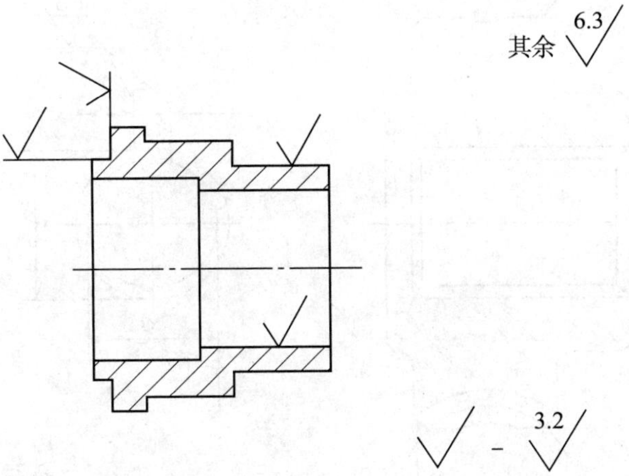

图 3—3—7

为了简化标注方法，或者标注位置受到限制时，可以标注简化代号，但必须在标题栏附近说明这些简化代号的意义。

也可采用省略的注法，见图 3—3—8，但应在标题栏附近说明这些简化符号、代号的意义。

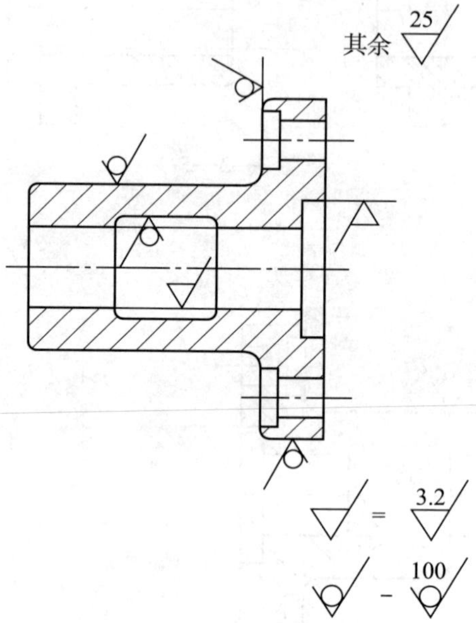

图 3—3—8

零件上连续表面及重复要素（孔、槽、齿……）的表面（见图 3—3—9、图 3—3—10）和用细实线连接不连续的同一表面，其表面粗糙度符号、代号只标注一次。

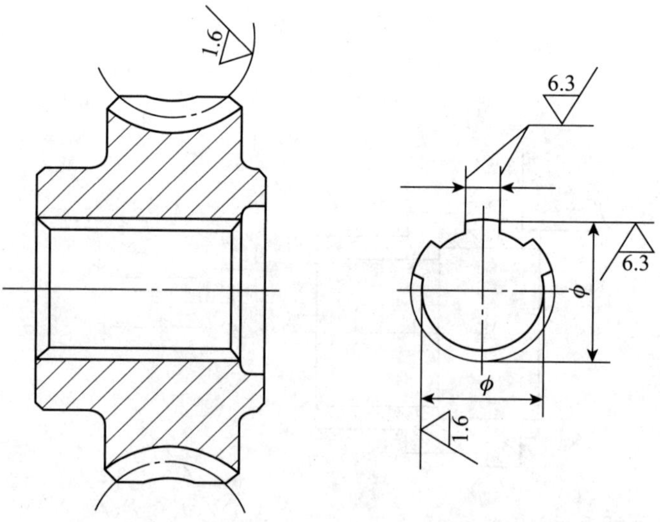

图 3—3—9

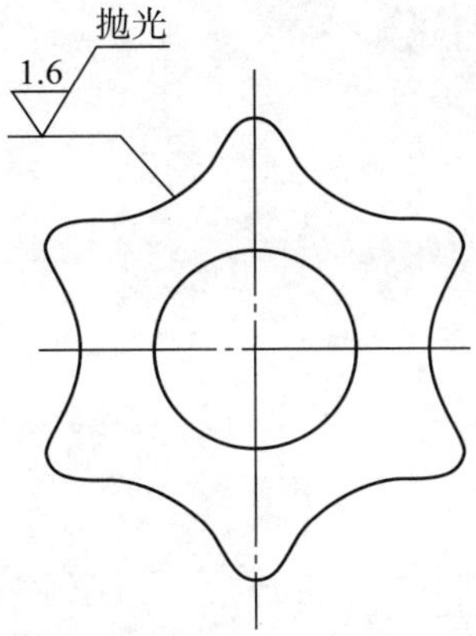

图 3—3—10

同一表面上有不同的表面粗糙度要求时，须用细实线画出其分界线，并注出相应的表面粗糙度代号和尺寸，见图 3—3—11。

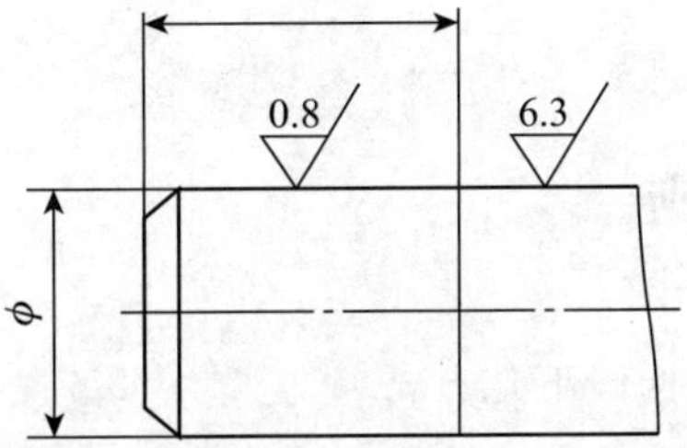

图 3—3—11

中心孔的工作表面，键槽工作面，倒角、圆角的表面粗糙度代号，可以简化标注，见图 3—3—12。

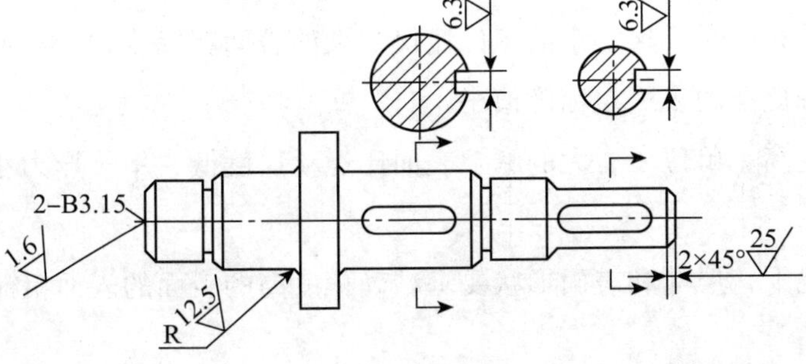

图 3—3—12

齿轮、渐开线花键、螺纹等工作表面没有画出齿（牙）形时，其表面粗糙度代号可按图 3—3—13～图 3—3—16 所示方式进行标注。

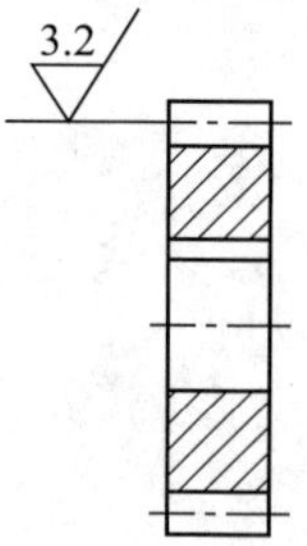

图 3—3—13

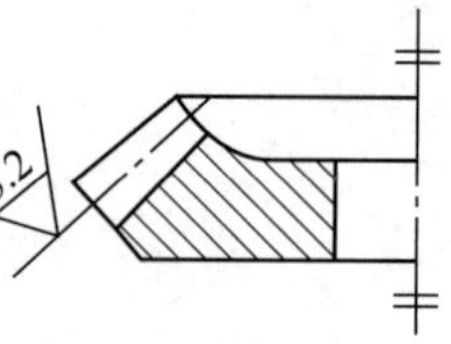

图 3—3—14

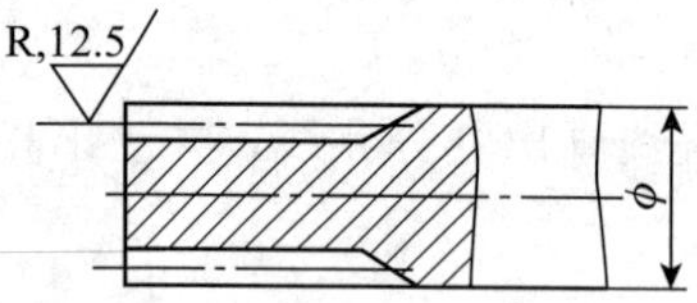

图 3—3—15

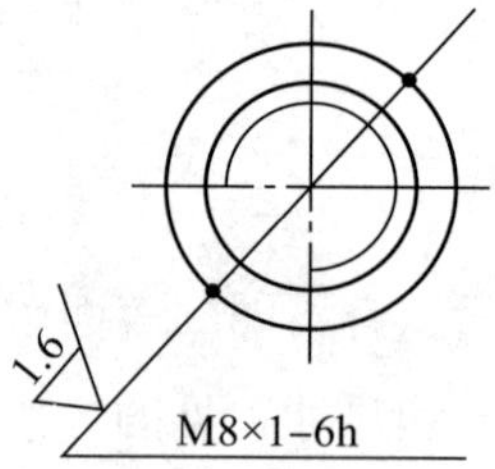

图 3—3—16

五、表面粗糙度的选用原则

表面粗糙度的选用原则包括以下几点：

（1）在满足零件表面使用功能的前提下，表面粗糙度的要求要尽可能低，即尽量选用大的参数值（除 *Rmr*（*c*）外），以减小加工难度，降低制造成本。

（2）在同一个零件上，非工作表面比工作表面的表面粗糙度值大。

（3）受循环载荷的表面及容易引起应力集中的表面（如圆角、沟槽）的表面粗糙度值要小。

（4）配合性质相同时，尺寸小的零件比尺寸大的表面粗糙度值小；同一公差等级，小尺寸比大尺寸、轴比孔的表面粗糙度值小。

（5）运动速度高、单位压力大的摩擦表面比运动速度低、单位压力小的非摩擦表面的表面粗糙度值小。

（6）一般情况下，尺寸和表面形状要求精确程度高的表面的表面粗糙度值要小。

【小结】

本项目讲述了表面粗糙度的基本概念及其对零件使用性能的影响，并讲述了表面粗糙度的评定参数及其标注和选用。表面粗糙度评定参数值已经标准化，国家标准对表面粗糙度的标注也作了相关规定，表面粗糙度的选择原则是：在满足零件使用功能的前提下，尽量选用较大的参数值，以减小加工难度，降低生产成本。

【思考题】

1. 填空题

（1）表面粗糙度是指________。表面粗糙度越小，表面越______。

（2）国家标准中规定表面粗糙度的主要评定参数有______和______两项。

（3）表面粗糙度的选用，应在满足表面功能要求的情况下，尽量选用________的表面粗糙度数值。

（4）同一零件表面，工作表面的粗糙度参数值__________非工作表面的粗糙度参数值。

（5）当零件所有表面具有相同的表面粗糙度时，其代号、符号可在图样________统一标注。

2. 判断题

（1）表面粗糙度是微观的形状误差，所以对零件使用性能影响不大。（　　）

（2）表面粗糙度的取样长度一般即为评定长度。（　　）

（3）*Ra* 能充分反映表面微观几何形状的高度特征，是普遍采用的评定参数。（　　）

（4）零件的尺寸精度越高，通常表面粗糙度参数值相应取得越小。（　　）

（5）表面粗糙度数值越小越好。（　　）

3. 问答题

（1）表面粗糙度的含义是什么？它与形状误差有何区别？

（2）表面粗糙度对零件的功能有何影响？

（3）为什么要规定取样长度和评定长度？两者之间有何区别？

（4）表面粗糙度的评定参数有哪些？它们各有什么特点？

4. 解释下图所示零件表面粗糙度标注代号的含义。

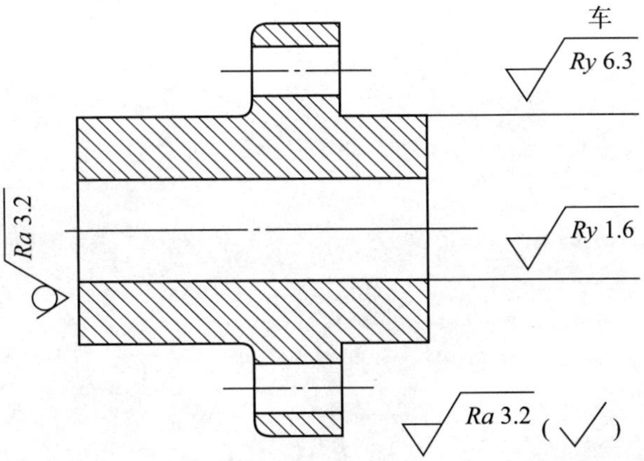

第二部分

技术测量

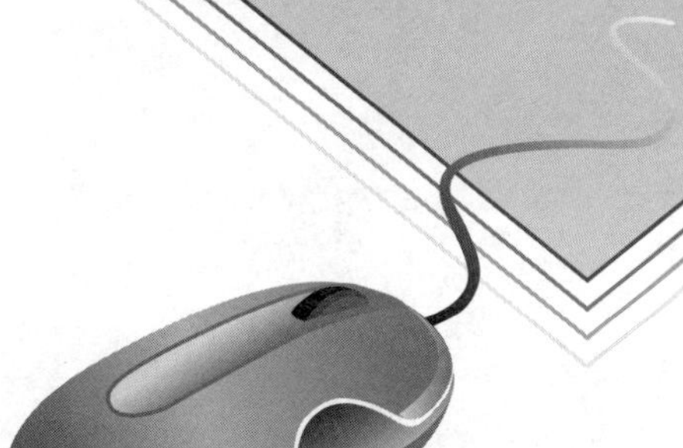

项目四　检测技术基础

学习目标

1. 掌握技术测量的一般概念。
2. 了解计量器具的分类。
3. 了解常用的测量方法。
4. 了解测量误差的基本概念。

任务实施

任务一　测量的基本概念与量值传递

一、测量的一般概念

测量，即将被测几何量与作为计量单位的标准量进行比较，从而确定被测几何量是计量单位标准量的倍数或分数的过程。它与“检测”不同，检验只确定被测几何量是否在规定的极限范围之内，从而判断被测对象是否合格，而无须出具具体的数值。

1. 测量对象

测量对象主要指几何量，包括长度、角度、表面粗糙度等。

2. 计量单位

长度计量单位：1m 是光在真空中 1/299792458s 的时间间隔内所经路径的长度。按此定义确定的基准称为自然基准。如 mm、μm、nm。

平面角的角度计量单位：弧度（rad）及（°）、分（′）、秒（″）。

3. 测量方法

测量方法是指测量时所采用的计量器具和测量条件的综合。测量前，应先根据被测对象的特点，如形状、质量、材料等选择相应的计量器具，分析被测参数的特点及与其他参数的关系，从而确定最佳的测量方法。

4. 测量精度

测量精度是指测量结果与真值的一致程度。测量结果有效值的准确性是由测量精度确定的，精度和误差是两个相对的概念，误差大，精度低；误差小，精度高。

二、量值传递

与定义一致的值，我们称为该量的真值。一个量的真值一般很难获取，因为不可能有完全没有误差的计量器具，也不可能有完全理想的测量条件。

将计量基准所复现的单位量值通过计量检定（或其他传递方法），传给下一等级的计量标准，并依次逐级地传递到工作计量器具，以保证被测对象的量值准确一致，这一过程称为量值传递。

量值传递是统一计量器具量值的重要手段，是保证计量结果准确可靠的基础。任何一种计量器具，由于种种原因，都具有不同程度的误差。新制造的计量器具，由于设计、加工、装配和元件质量等各种原因引起的误差是否在允许范围内，必须用适当等级的计量标准来检定，以判断其是否合格。经检定合格的计量器具，经过一段时间使用后，由于环境的影响或使用不当，以及维护不良、部件的内部质量变化等将会引起计量器具的计量特性发生变化，所以需定期用规定等级的计量标准对其进行检定，根据检定结果作出是否进行修理或继续使用的判断，经过修理的计量器具是否达到规定的要求，也须用相应的计量标准进行检定。可见，量值传递的作用是非常重要的。

任务二　计量器具

一、计量器具的分类

计量器具按结构特点可以分为以下四类。

1. 量具

量具是以固定形式复现量值的计量器具，一般结构比较简单，没有传动放大系统。可分为单值量具和多值量具两种。

2. 量规

量规是指没有刻度的专用计量器量，用于检验零件要素的实际尺寸、形状及位置等是否在规定的范围内，从而判断被测零件是否合格。

3. 量仪

量仪是能将被测几何量的量值转换成可直观观察的指示值或等效信息的计量器量。

（1）机械式量仪。是指用机械方法实现原始信号转换的量仪。

（2）光学式量仪。是指用光学方法实现原始信号转换的量仪。

（3）电动式量仪。是指将原始信号转换成电量信息的量仪。

（4）气动式量仪。是指以压缩空气为介质，通过其流量或压力的变化来实现原始信号转换的量仪。

4. 计量装置

计量装置是指确定被测几何量值所必需的计量器具和辅助设备的总体。

二、计量器具的基本计量参数

1. 刻度间距

刻度间距是指标尺或刻度盘上两相邻刻线之间的距离。一般刻度间距为 1～2.5mm，刻度间距太小，会影响估读精度；刻度间距太大，会加大读数装置的轮廓尺寸。

2. 分度值

分度值又称刻度值，是指标尺或刻度盘上每一刻度间距所代表的量值。例如，游标卡尺常用的分度值有 0.02mm、0.05mm、0.10mm。

3. 示值范围

示值范围是指计量器具标尺或刻度盘所指示的起始值到终止值的范围。

4. 测量范围

测量范围是指计量器具能够测出的被测量值的最小值到最大值的范围。例如，百分表的测量范围通常有 0～3mm、0～5mm、0～10mm 三种。

5. 示值误差

示值误差是指计量器具的指示值与被测量的真值之差，主要是由仪器设计原理误差、分度误差、传动机构的失真等因素造成的。

6. 示值稳定性

示值稳定性是指在工作条件不变的情况下，对同一被测量进行多次测量所得示值的最大变化范围，又称为测量的重复性。

7. 校正值

为消除示值误差所引起的测量误差，常在测量结果中加上一个与示值误差大小相等、符号相反的量值，此量值称为校正值。

8. 灵敏阈

灵敏阈是指引起计量器具示值变动的被测量的最小变化值。

9. 灵敏度

灵敏度是指计量器具反映被测量变化的能力。对一般长度计量器具而言，其等于刻度间距与分度值之比。

10. 测量力

测量力是指测量时，计量器具的测量头与被测工件表面接触时产生的机械压力。

任务三　测量方法的分类与测量误差

一、测量方法的分类

1. 根据所测的几何量是否为要求被测的几何量划分

（1）直接测量。是指直接用量具或量仪测出零件相关几何量值的方法。例如，用外径千分尺直接测量轴的直径。

（2）间接测量。是指通过测量与被测量有一定函数关系的其他量，并通过计算获得相关量值的方法。间接测量法存在着基准不重合误差，故仅在不能或不宜采用直接测量的场合使用。

2. 根据被测量值获得的方法划分

（1）绝对测量。是指被测量的全值可以直接从计量器具的读数装置获得。例如用游标卡尺测量孔的深度，用千分尺测量零件的直径。

（2）相对测量。是指将被测量与同它只有微小差别的已知同种量（一般为标准量）相比较，通过测量这两个量值间的差值来确定被测量值。例如用量块校对百分表。

3. 根据工件上同时被测的几何量的多少划分

（1）单项测量。是指单个地、彼此没有联系地测量零件的单个几何量的方法。

（2）综合测量。是指同时测量零件的几个相关参数。例如用完整牙型的螺纹量规检验螺纹轮廓是否合格。综合测量的效率高，一般用于检验。

4. 根据被测工件表面是否与计量器具的测量元件接触划分

（1）接触测量。是指测量时，计量器具的测量头与工件被测表面接触并有机械作用力存在。接触测量会引起被测表面和计量器具的有关部分产生弹性变形，因而影响测量精度。

（2）非接触测量。是指测量时，计量器具的测量头与工件被测表面不接触，没有机械作用力存在。例如，气动测量、光学投影测量。

5. 根据测量在加工过程中所起的作用划分

（1）主动测量。是指零件在加工过程中进行的测量，目的是控制加工过程，及时预防废品的产生。

（2）被动测量。是指零件在加工完后进行的测量，目的是发现并剔除废品。

6. 根据测量时工件是否运动划分

（1）静态测量。是指测量时，零件的被测表面与计量器具的测量头相对静止。

（2）动态测量。是指测量时，零件的被测表面与计量器具的测量头之间有相对运动，被测量的量值是变动的，反映被测参数连续变化的情况。

二、测量误差

1. 测量误差的基本概念

由于计量器具本身的误差和测量条件的限制而使测量结果与真值之间形成的差值称为测量误差。

（1）绝对误差 δ：

测量结果与被测量真值之差。

$$\delta=x-x_0$$

因测量结果可能大于或小于真值，故绝对误差可能为正值，也可能为负值。绝对误差的大小可以评定同一尺寸的不同测量的精确度。δ 越小，测量结果越接近真值，其测量的精确度越高，反之越低。

（2）相对误差 f：

测量的绝对误差与被测量真值之比。

$$f=\frac{\delta}{x_0}$$

由于被测量的真值不可知，故实践中以被测几何量的测得值代替其真值，即

$$f=\frac{\delta}{x}$$

相对误差是无量纲的，通常用百分数表示。

例：测量一个长度为 100mm 的零件的绝对误差值为 0.01mm，测量另一个长度为 1 000mm 的零件的绝对误差值也为 0.01mm，试比较二者的测量精确度。

解：

由于 $f_1 > f_2$，所以后者测量精确度高。

2. 测量误差产生的原因

（1）计量器具误差。由于计量器具本身在设计、制造、装配方面的缺陷和使用调整上的不准确而引起的误差。

（2）方法误差。由于测量方法不完善而引起的误差。

（3）环境误差。测量时，由于实际环境不符合标准状态而引起的误差。

（4）人员误差。由于测量人员主观因素和操作技术水平所引起的误差。

3. 测量误差的分类

测量误差按其性质可分为：

（1）随机误差。随机误差也称偶然误差和不定误差，是在测量过程中由于一系列相关因素微小的随机波动而形成的具有相互抵偿性的误差。

（2）系统误差。系统误差又叫做规律误差。它是指在一定的测量条件下，对同一个被测尺寸进行多次重复测量时，误差值的大小保持不变；或者在条件变化时，按一定规律变化的误差。前者称为定值系统误差，后者称为变值系统误差。

（3）粗大误差。在一定的测量条件下，超出规定条件的误差称为粗大误差。一般按一定条件确定一个临界值，凡是超出临界值范围的值，就是粗大误差，它又称粗误差或寄生误差。

产生粗大误差的主要原因如下：客观原因：电压突变、机械冲击、外界震动、电磁（静电）干扰、仪器故障等引起测试仪器的测量值异常或被测物品的位置相对移动，从而产生了粗大误差；主观原因：使用了有缺陷的量具，操作时疏忽大意，读数、记录、计算的错误等。另外，环境条件的反常突变等因素也是产生误差的原因。

【小结】

本项目讲述了测量的基本概念、量值传递、计量器具、测量方法的分类与测量误差。计量器具按其本身的结构特点分为量具、量规、量仪和计量装置。计量器具的基本计量参数包括刻度间距、分度值、示值范围、测量范围、示值误差、示值稳定性、校正值、灵敏阈、灵敏度和测量力。测量误差可用绝对误差和相对误差来表示。测量误差按性质可分为随机误差、系统误差和粗大误差。

【思考题】

1. 在实际工作中测量方法如何分类？
2. 什么是计量器具？常用的计量器具有哪些？
3. 什么是量具和量仪？它们之间有何区别？
4. 什么是灵敏阈和灵敏度？举例说明两者的区别。
5. 计量器具的基本计量参数有哪些？
6. 简述测量误差的分类。

项目五　常用量具

学习目标

1. 掌握常用的长度计量器具的使用方法。
2. 掌握常用的角度计量器具的使用方法。
3. 会对常用量具进行保养。

任务实施

任务一　长度计量器具

一、量块

1. 量块的基本概念

量块又称块规。它是机器制造业中控制尺寸的最基本的量具，是技术测量上长度计量的基准。

长度量块是用耐磨性好、硬度高而不易变形的轴承钢制成的矩形截面的长方块。它有上、下两个测量面和四个非测量面。两个测量面是经过精密研磨和抛光加工的很平、很光的平行平面。量块的矩形截面尺寸：基本尺寸为 0.5～10mm 的量块，其截面尺寸为

30mm×9mm；基本尺寸为10～1 000mm的量块，其截面尺寸为35mm×9mm。如图5—1—1所示。

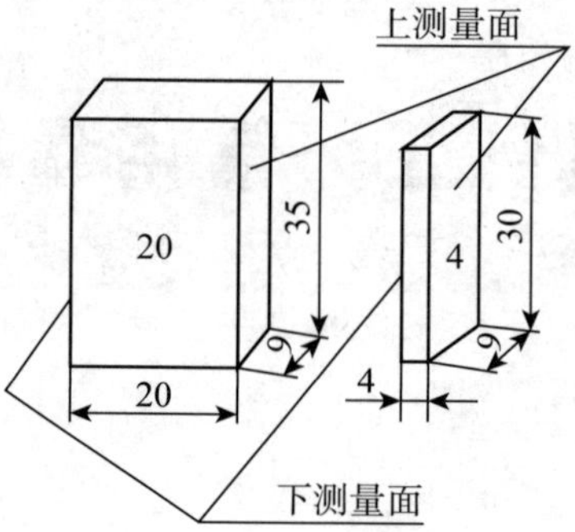

图5—1—1　量块

量块的工作尺寸不是指两测面之间任何处的距离，因为两测面不是绝对平行的，因此量块的工作尺寸是指中心长度，即量块的一个测量面的中心至另一个测量面相黏合面（其表面质量与量块一致）的垂直距离，如图5—1—2所示。在每块量块上，都标记着它的工作尺寸：当量块尺寸等于或大于6mm时，工作尺寸标记在非工作面上；当量块尺寸在6mm以下时，工作尺寸直接标记在测量面上。

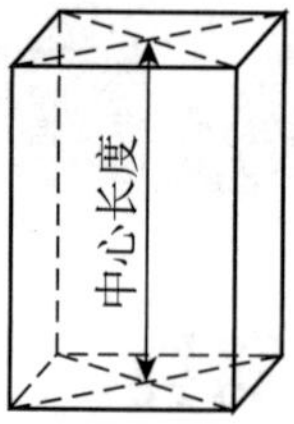

图5—1—2　量块的中心长度

根据量块的工作尺寸（即中心长度）和两个测量面的平面平行度，其精度可分成五个等级，即00级、0级、1级、2级和3级。00级量块的精度最高，0级量块的精度较高，1级量块的精度次之，2级更次之，3级量块的精度最低。

量块是精密的量具，不容易制造。为了使工作尺寸偏差稍大的量块仍能正常使用，可将量块的工作尺寸检定得准确些，在实践中结合量块检定的修正值使用。

2. 成套量块和量块尺寸的组合

量块是成套供应的，每盒中各种量块的尺寸不同，其尺寸编组有一定的规定。

在块数为83块和38块的两盒成套量块中，有时带有4块护块，所以每盒总块数为87块和42块。护块即保护量块，主要是为了减少常用量块的磨损，在使用时可放在量块组的两端，以保护其他量块。

每块量块只有一个工作尺寸。但由于量块做得十分精确且两个测量面很光滑，所以具有可黏合的特性。即将两块量块的测量面轻轻地推合后，这两块量块就能黏合在一起，而不会分开，好像一块量块。由于量块具有可黏合性，每块量块只有一个工作尺寸的缺点就克服了。利用量块的可黏合性，可组成各种不同尺寸的量块组，扩大了量块的应用范围。但为了减少误差，希望组成量块组的块数不超过 5 块。

在组合量块时要根据一定的原则来选取块规尺寸，即首先选择能去除最小位数的尺寸的量块。例如，若要组成 87.545mm 的量块组，其量块尺寸的选择方法如下：

量块组的尺寸	87.545mm
选用的第一块量块尺寸	1.005mm
剩下的尺寸	86.54mm
选用的第二块量块尺寸	1.04mm
剩下的尺寸	85.5mm
选用的第三块量块尺寸	5.5mm
剩下的即为第四块尺寸	80mm

量块是很精密的量具，使用时必须注意以下几点：

(1) 使用前，先用汽油洗去防锈油，再用清洁的麂皮或软绸擦干净。不要用棉纱头去擦量块的工作面，以免损伤量块的测量面。

(2) 清洗后的量块不要直接用手去拿，应当用软绸衬起来拿。若必须用手拿量块时，应当把手洗干净，且不要接触量块的工作面。

(3) 把量块放在工作台上时，应使量块的非工作面与台面接触。不要把量块放在蓝图上，因为蓝图表面有残留化学物，会使量块生锈。

(4) 避免量块工作面与非工作面的推合，以免擦伤测量面。

(5) 量块使用后，应及时在汽油中清洗干净，用软绸揩干后，涂上防锈油，放在专用的盒子里。若需经常使用，可在洗净后不涂防锈油，放在干燥缸内保存。绝对不允许将量块长时间黏合在一起，以免由于金属黏结而产生不必要的损伤。

3. 量块附件

为了扩大量块的应用范围，便于各种测量工作，可采用成套的量块附件。在量块附件中，主要有不同长度的夹持器和各种量爪，如图 5—1—3 (a) 所示。量块组与量块附件可用于校准量具尺寸（如内径百分尺的校准），测量轴径、孔径和高度等，如图 5—1—3 (b) 所示。成套量块的编组见表 5—1—1。

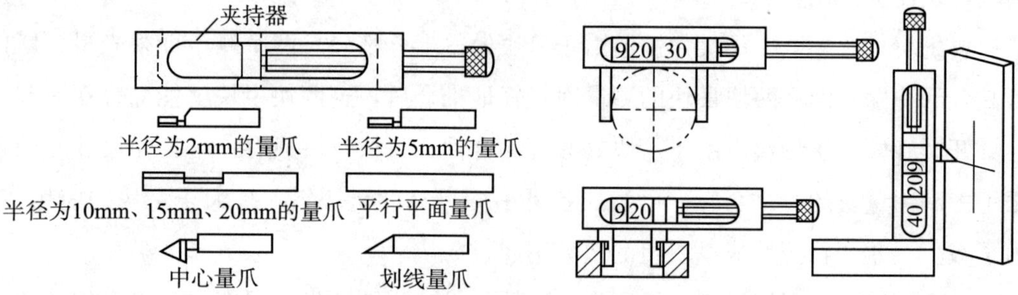

（a）　　　　（b）

图 5—1—3　量块的附件及其使用

表 5—1—1　　成套量块的编组

套别	总块数	精度级别	尺寸系列（mm）	间隔（mm）	块数
1	91	00，0，1	0.5，1 1.001，1.002，…，1.009 1.01，1.02，…，1.49 1.5，1.6，…，1.9 2.0，2.5，…，9.5 10，20，…，100	— 0.001 0.01 0.1 0.5 10	2 9 49 5 16 10
2	83	00，0，1 2，3	0.5，1，1.005 1.01，1.02，…，1.49 1.5，1.6，…，1.9 2.0，2.5，…，9.5 10，20，…，100	— 0.01 0.1 0.5 10	3 49 5 16 10
3	46	0，1，2	1 1.001，1.002，…，1.009 1.01，1.02，…，1.09 1.1，1.2，…，1.9 2，3，…，9 10，20，…，100	— 0.001 0.01 0.1 1 10	1 9 9 9 8 10
4	38	0，1，2， 3	1，1.005 1.01，1.02，…，1.09 1.1，1.2，…，1.9 2，3，…，9 10，20，…，100	— 0.01 0.1 1 10	2 9 9 8 10
5	10^-	00，0，1	0.991，0.992，…，1	0.001	10
6	10^+		1，1.001，…，1.009		
7	10^-		1.991，1.992，…，2		
8	10^+		2，2.001，…，2.009		
9	8	00，0，1， 2，3	125，150，175，200，250， 300，400，500	—	8
10	5		600，700，800，900，1000	—	5

二、游标量具

利用游标和尺身相互配合进行测量和读数的量具称为游标量具，它结构简单，使用方便，在机械加工中应用广泛，如游标卡尺。

1. 游标卡尺的分类

（1）测量范围为 0～125mm 的游标卡尺，可制成带有刀口形的上下量爪和带有深度尺的型式。如图 5—1—4 所示。

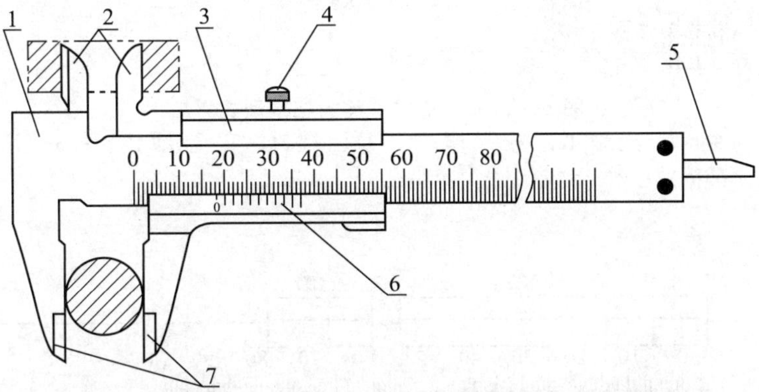

图 5—1—4　游标卡尺的结构型式之一

1—尺身；2—上量爪；3—尺框；4—紧固螺钉；5—深度尺；
6—游标；7—下量爪

（2）测量范围为 0～200mm 和 0～300mm 的游标卡尺，可制成带有内外测量面的下量爪和带有刀口形的上量爪的型式。如图 5—1—5 所示。

（3）测量范围为 0～200mm 和 0～300mm 的游标卡尺，可制成只带有内外测量面的下量爪的型式。如图 5—1—6 所示。而测量范围大于 300mm 的游标卡尺，则可制成仅带有下量爪的型式。

2. 游标卡尺的用途

游标卡尺通常用来测量内外径尺寸、孔距、壁厚、沟槽及深度等。其读数方法为：

（1）读整数部分：游标零刻线所指示的尺身上左边刻线的数值为测量结果的整数部分。

（2）读小数部分：判断游标零刻线右边的哪一条刻线与尺身刻线重合，该刻线的序号乘以游标度数值后所得的积，即为测量结果的小数部分。

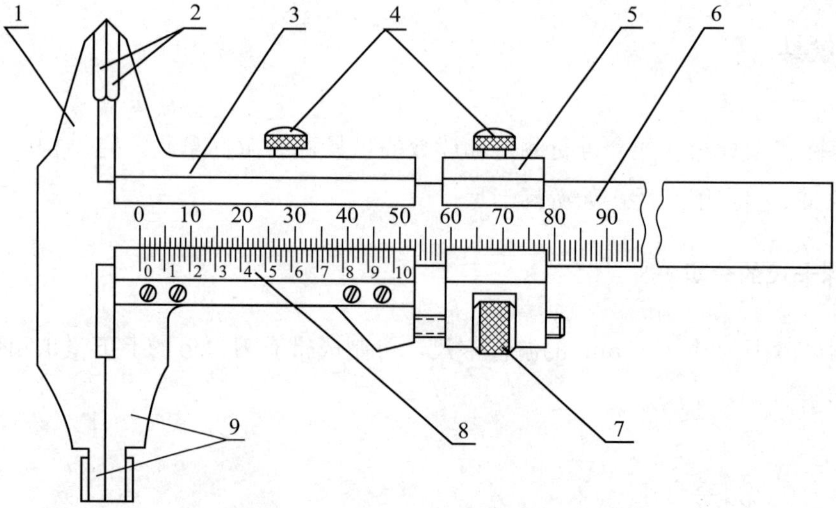

图 5—1—5　游标卡尺的结构型式之二

1—尺身；2—上量爪；3—尺框；4—紧固螺钉；5—微动装置；6—主尺；7—微动螺母；8—游标；9—下量爪

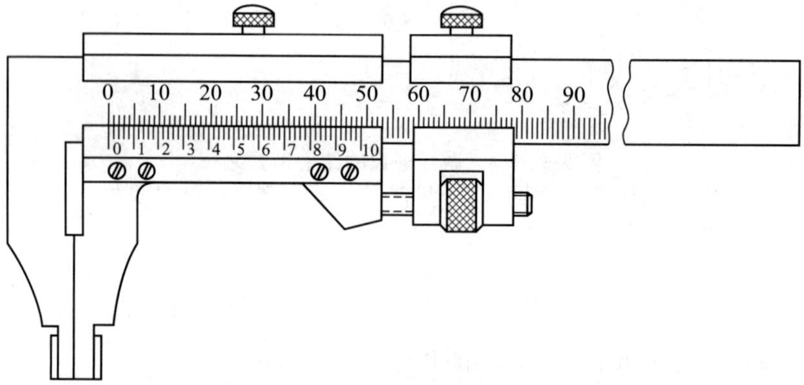

图 5—1—6　游标卡尺的结构型式之三

（3）求和：将读数的整数部分与小数部分相加，即为测量结果。如图 5—1—7 所示。例：

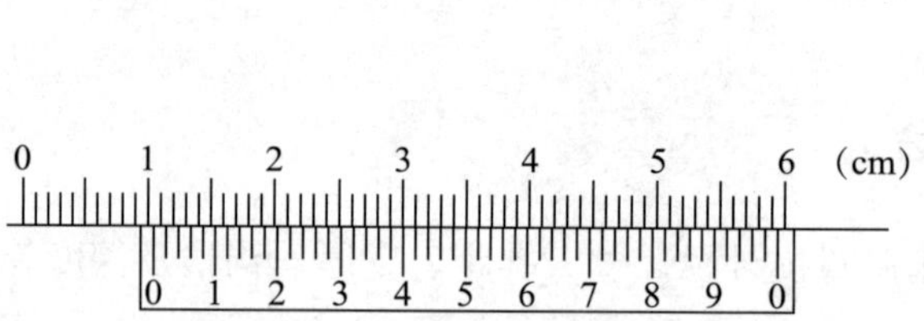

10+26×0.02=10.52mm

图 5—1—7　游标卡尺的读数

3. 游标卡尺的使用方法

使用游标卡尺测量零件尺寸时，必须注意下列几点。

（1）测量前应把卡尺揩干净，检查卡尺的两个测量面和测量刃口是否平直无损，两个量爪紧密贴合时，应无明显的间隙，同时游标和主尺的零刻线要相互对准。这个过程称为校对游标卡尺的零位。

（2）移动尺框时要自如，不应过松或过紧，更不能有晃动现象。用固定螺钉固定尺框时，卡尺的读数不应有所改变。在移动尺框时，不要忘记松开固定螺钉，但也不宜过松。

（3）当测量零件的外尺寸时，卡尺两测量面的连线应垂直于被测量表面，不能歪斜。测量时，可以轻轻摇动卡尺，放正垂直位置。否则，量爪若在如图 5—1—8 所示的错误位置上，将使测量结果 a 比实际尺寸 b 要大。应先把卡尺的活动量爪张开，使量爪能自由地卡进工件，把零件贴靠在固定量爪上，然后移动尺框，用轻微的压力使活动量爪接触零件。如卡尺带有微动装置，此时可拧紧微动装置上的固定螺钉，再转动调节螺母，使量爪接触零件并读取尺寸。不可把卡尺的两个量爪调节到接近甚至小于所测尺寸，而把卡尺强制卡到零件上。这样做会使量爪变形，或使测量面过早磨损，使卡尺失去应有的精度。

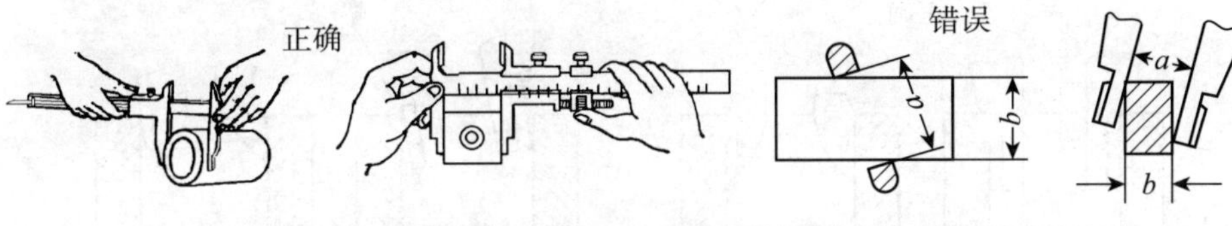

图 5—1—8　测量外尺寸时正确与错误的位置

测量沟槽时，应当用量爪的平面测量刃进行测量，尽量避免用端部测量刃和刀口形量爪去测量外尺寸。对于圆弧形沟槽，则应当用刀口形量爪进行测量，而不应当用平面测量刃进行测量。如图 5—1—9 所示。

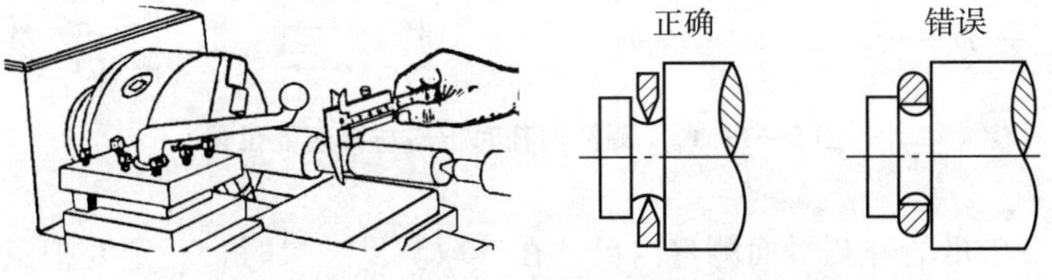

图 5—1—9　测量沟槽时正确与错误的位置

测量沟槽宽度时，也要放正游标卡尺的位置，使卡尺两测量刃的连线垂直于沟槽，不能歪斜。否则，量爪若在如图 5—1—10 所示的错误位置上，将产生不准确的测量结果（可能大也可能小）。

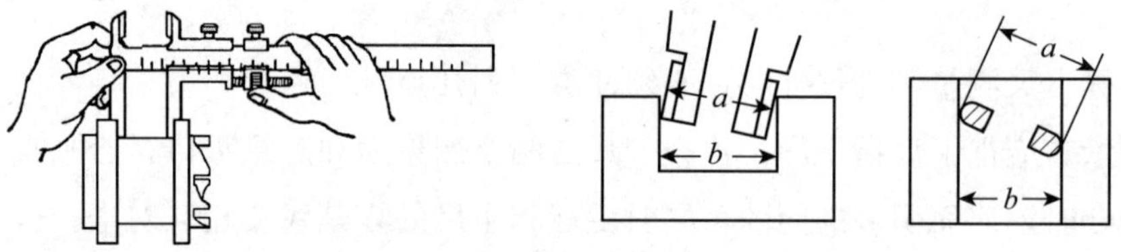

图 5—1—10　测量沟槽宽度时正确与错误的位置

（4）当测量零件的内尺寸时，要使量爪分开的距离小于所测内尺寸，如图 5—1—11 所示。进入零件内孔后，再慢慢张开并轻轻接触零件内表面，用固定螺钉固定尺框后，轻轻取出卡尺来读数。取出量爪时，用力要均匀，并使卡尺沿着孔的中心线方向滑出，不可歪斜，以免扭伤量爪；卡尺变形和受到不必要的磨损，同样会使尺框走动，影响测量精度。

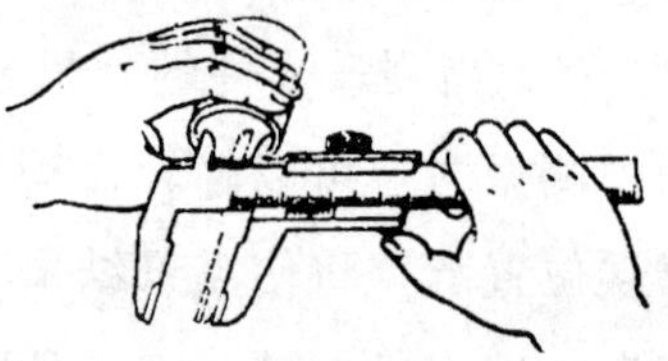

图 5—1—11　内尺寸的测量方法

卡尺两测量刃应在孔的直径上，不能偏歪。图 5—1—12 为带有刀口形量爪和圆柱面形量爪的游标卡尺在测量内孔时正确的和错误的位置。当量爪在错误位置时，其测量结果将比实际孔径 D 要小。

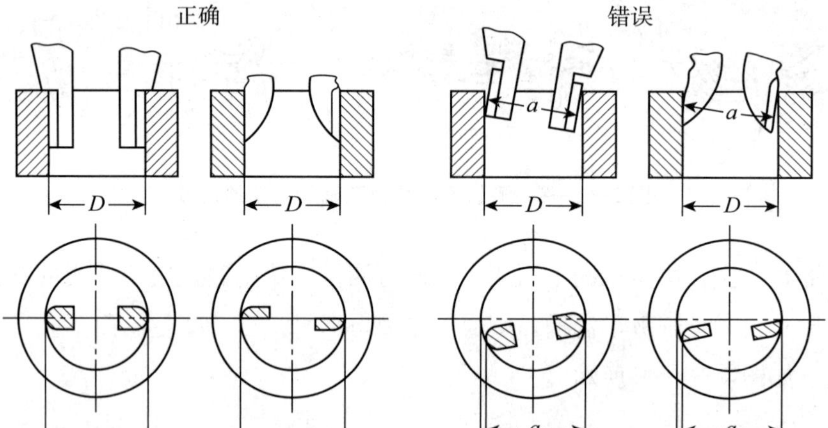

图 5—1—12　测量内孔时正确与错误的位置

（5）当用下量爪的外测量面测量内尺寸在读取测量结果时，一定要把量爪的厚度加上去。即游标卡尺上的读数加上量爪的厚度，才是被测零件的内尺寸。测量范围在 500mm 以下的游标卡尺，量爪厚度一般为 10mm。但当量爪磨损和修理后，量爪厚度就会小于 10mm，读数时这个因素也要考虑进去。

（6）用游标卡尺测量零件时，不允许过分地施加压力，所用压力应使两个量爪刚好接触零件表面。如果测量压力过大，不但会使量爪弯曲或磨损，而且会使量爪在压力作用下产生弹性变形，导致测量结果不准确（外尺寸小于实际尺寸，内尺寸大于实际尺寸）。

在游标卡尺上读数时，应水平手持卡尺，朝着有亮光的方向，使人的视线尽可能和卡尺的刻线表面垂直，以免由于视线歪斜造成读数误差。

（7）为了获得正确的测量结果，可以多测量几次。即在零件的同一截面上的不同方向进行测量。对于较长的零件，应当在其全长的各个部位进行测量，以获得一个比较准确的测量结果。

其他类型的游标量具见表5—1—2。

表5—1—2　　其他类型的游标量具

名称	用途
深度游标卡尺 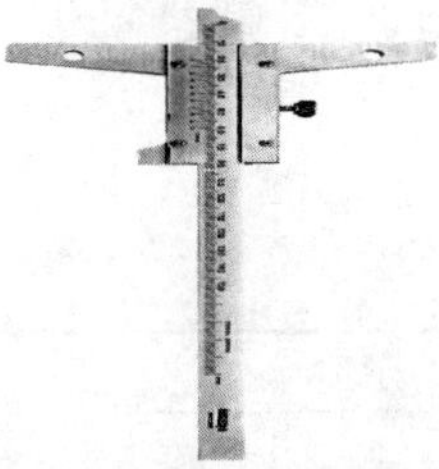	测量孔、槽的深度和台阶的高度
高度游标卡尺 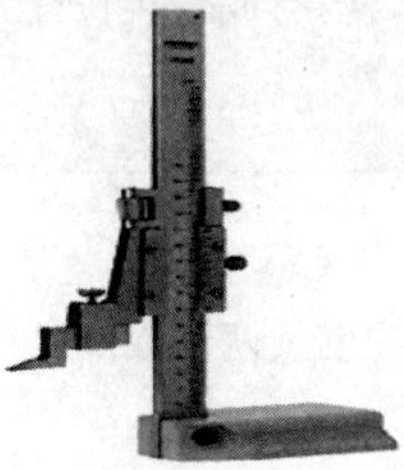	测量工件的高度或进行划线
齿厚游标卡尺 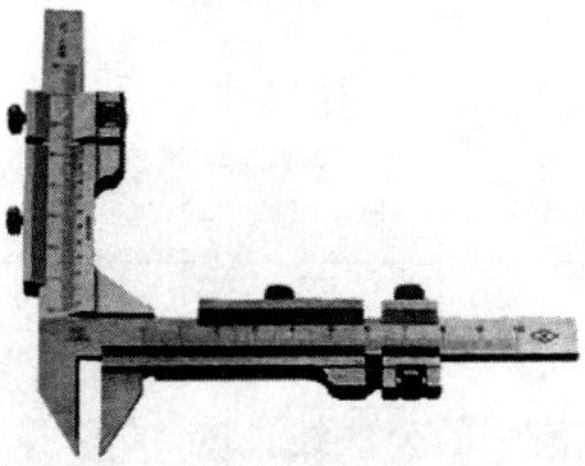	测量齿轮的厚度

三、测微螺旋量具

测微螺旋量具是利用螺旋副的运动原理进行测量和读数的一类测微量具。如千分尺、百分表等。

1. 千分尺

千分尺按用途可分为外径千分尺、内径千分尺、深度千分尺等，如图 5—1—13、表 5—1—3 所示。

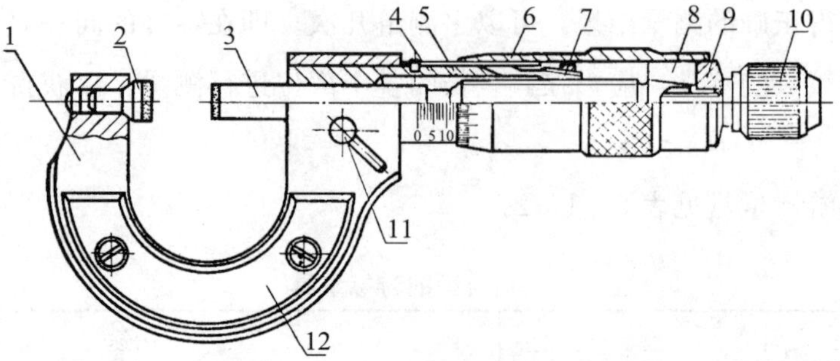

图 5—1—13　0～25mm 外径千分尺

1—尺架；2—固定测砧；3—测微螺杆；4—螺纹轴套；5—固定刻度套筒；6—微分筒；7—调节螺母；8—接头；9—垫片；10—测力装置；11—锁紧螺钉；12—绝热板

表 5—1—3　其他类型的千分尺

名称	用途
内径千分尺 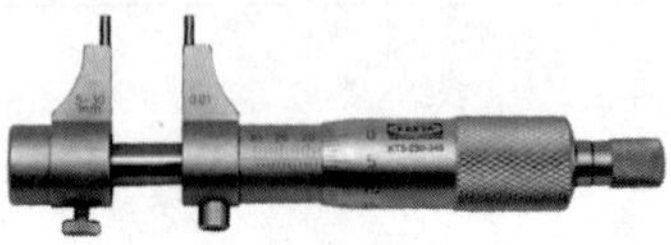	测量内尺寸，附有成套接长杆
深度千分尺 	测量孔和沟槽的深度及两平面间的距离
螺纹千分尺 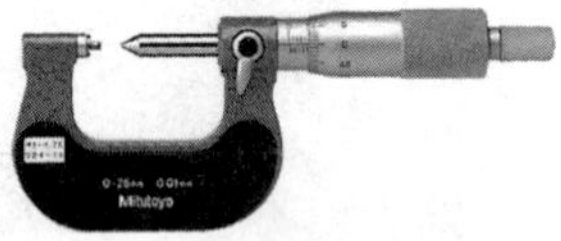	测量螺纹的中径尺寸
公法线千分尺 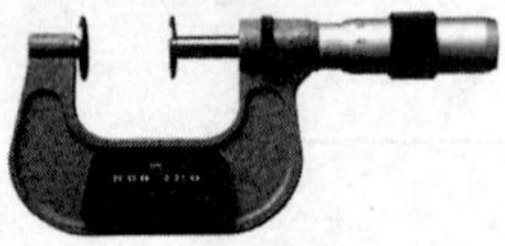	测量齿轮的公法线长度
杠杆千分尺 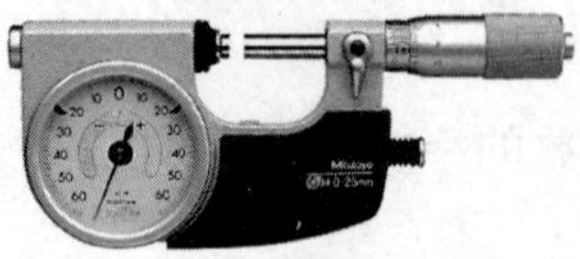	测量外尺寸

在图 5—1—14（a）中，在固定套筒上读出的尺寸为 8mm，微分筒上读出的尺寸为 27（格）×0.01mm =0.27mm，两数相加即得被测零件的尺寸为 8.27mm；在图 5—1—14（b）中，在固定套筒上读出的尺寸为 8.5mm，在微分筒上读出的尺寸为 27（格）×0.01mm = 0.27mm，两数相加即得被测零件的尺寸为 8.77mm。

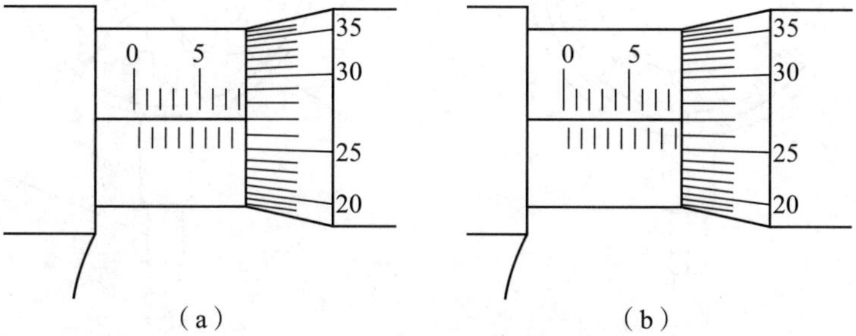

图 5—1—14　外径千分尺的读数

千分尺使用注意事项：

(1) 千分尺是一种精密的量具，使用时应小心谨慎，动作轻缓，不要让它受到打击和碰撞。千分尺内的螺纹非常精密，使用时要注意：

1) 旋钮和测力装置在转动时都不能过分用力。

2) 当转动旋钮使测微螺杆靠近待测物时，一定要调整旋测力装置，不能转动旋钮使螺杆压在待测物上。

3) 当测微螺杆与测砧已将待测物卡住或锁紧装置已被旋紧，绝不能强行转动旋钮。

(2) 有些千分尺为了防止手温使尺架膨胀引起微小误差，在尺架上装有隔热装置。实验时应手握隔热装置，避免接触尺架的金属部分。

(3) 使用千分尺测同一长度时，一般应反复测量几次，取其平均值作为测量结果。

(4) 千分尺用毕后，应用纱布擦干净，在测砧与螺杆之间留出一点空隙，放入盒中。如长期不用可抹上黄油或机油，放置在干燥的地方。注意不要让它接触腐蚀性气体。

2. 百分表

百分表由表体部分、传动部分和读数装置等组成。如图 5—1—15 所示。

百分表的测量范围通常有 0～3mm、0～5mm、0～10mm 三种，其精度可分为 0、1、2 三级，可用作相对测量和绝对测量。

(1) 百分表使用前的准备工作：

1) 按所测量工件的尺寸范围，选择测量范围合适的百分表。

2) 检验百分表的灵敏程度，左手托住表的后部，度盘向前用眼观看，右手拇指轻推

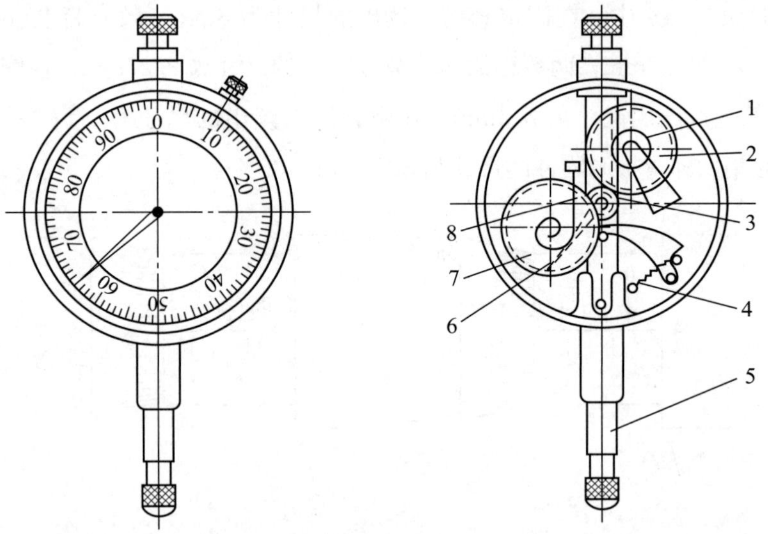

图 5—1—15　百分表

1—小齿轮；2、7—大齿轮；3—中间齿轮；4—弹簧；5—测量杆；6—指针；8—游丝

表的测头，检测实验量杆移动是否灵活。

（2）百分表的使用方法：

1）装夹：先把表夹在表架或专用支架上，所夹部位应尽量靠近下轴套根部（不影响旋动表圈），夹牢即可，不可夹得过紧，带耳环后盖的需将表支架夹在耳环后盖 $\varphi 6.5$ 的孔中。

2）校对零位：旋转表的外圈，使度盘“0”对准指针；轻轻推动表架的悬臂，使其升起或下降，通过升降量杆的压缩量校对零位，这等于旋转表指针去对准度盘的“0”。

校对零位时，应使表的测头对好基准面，并使指针有 0.3～1.0mm 的压缩量。对好零位后，应反复几次提落防尘帽（升落 1～2mm），待针位稳定后方可旋转外圈对零，对零后还要反复检验表的稳定性，直到针位既稳又准，方可使用。

3）测量。测量平面时，应使表的量杆轴线与所测表面垂直；测量圆柱体时，量杆轴线应通过工件中心并与母线垂直。

在测量过程中，大小指针都在转动，分度值为 0.01mm，大指针每转一格为 0.01mm。测量时，应记住大小指针的起始值，待测量后再用所测值减去起始值，读数时，视线应垂直于度盘看指针位置，以防出现视差。如果指针停在刻线之间，可以估读到千分位。如需读取公差范围，可使用带公差指针挡圈的百分表。检测时，将两个公差指针挡圈分别转至所需公差即可。

（3）百分表使用注意事项：

1）不能用百分表去测量表面粗糙度大的毛坯工件或者凹凸变化大的工件，防止损坏表的零件。使用中应避免量杆过多地做无效运动，以减小传动件的磨损。

2）测量时，量杆的移动不宜过大，更不可超过它的量程终止端，绝对不可敲打表的任何部位，以防损坏表的零件。

3）不要无故拆卸表内零件，不许将表浸放在冷却液或其他液体内使用。

4）使用后，要擦净装盒，不能随意涂擦油类，以防粘上灰尘影响灵活性。

常见的百分表见表5—1—4。

表5—1—4　　常见百分表

名称	用途
内径百分表 	测量孔的直径和孔的形状误差
杠杆百分表 	校正工件、测量工件

任务二　角度计量器具

一、万能角度尺（见图5—2—1、图5—2—2）

测量时，根据产品被测部位的情况，先调整好角尺或直尺的位置，用卡块上的螺钉把它们紧固住，再调整基尺测量面与其他有关测量面之间的夹角。这时，要先松开制动头上的螺母，移动主尺作粗调整，然后再转动扇形板背面的微动装置作细调整，直到两个测量面与被测表面密切贴合为止。然后拧紧制动器上的螺母，把角度尺取下来进行读数。

万能角度尺的读数方法和游标卡尺相同，先读出游标零线前的角度是几度，再从游标

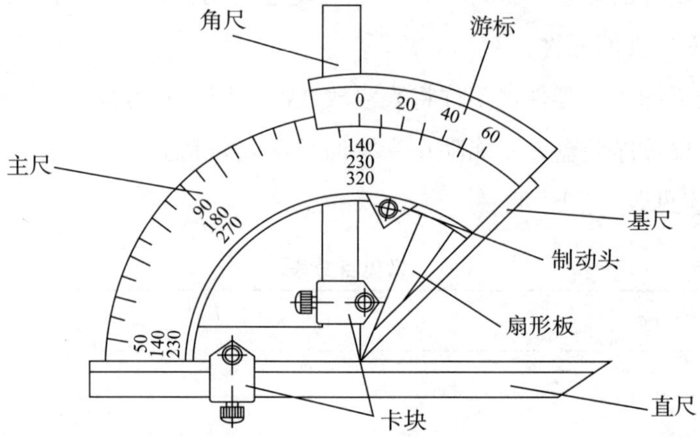

图 5—2—1　Ⅰ型万能角度尺

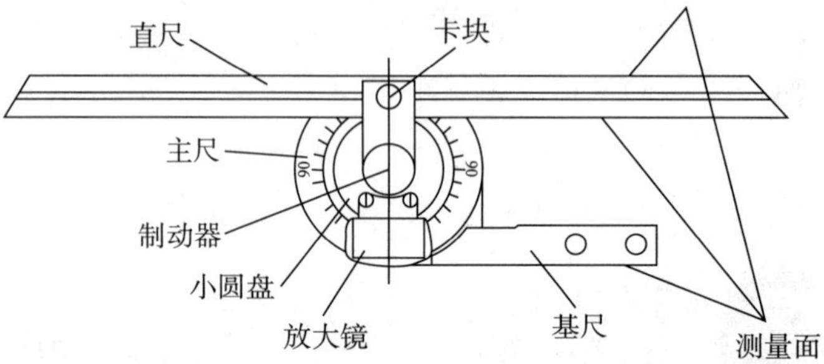

图 5—2—2　Ⅱ型万能角度尺

上读出角度“分”的数值，两者相加就是被测零件的角度数值。

万能角度尺使用注意事项：

（1）使用前，将万能角度尺的各测量面擦干净。

（2）检查万能角度尺的零位是否正确。

（3）根据被测角度选择万能角度尺的测量尺。

二、正弦规

正弦规主要由主体工作平板、两个直径相同的圆柱、侧挡板、前挡板组成。如图5—2—3所示。

应用正弦规测量零件角度时，应先把正弦规放在精密平台上，被测零件（如圆锥塞规）放在正弦规的工作平面上，被测零件的定位面平靠在正弦规的挡板上（如圆锥塞规的前端面靠在正弦规的前挡板上）。在正弦规的一个圆柱下面垫入量块，用百分表检查零件

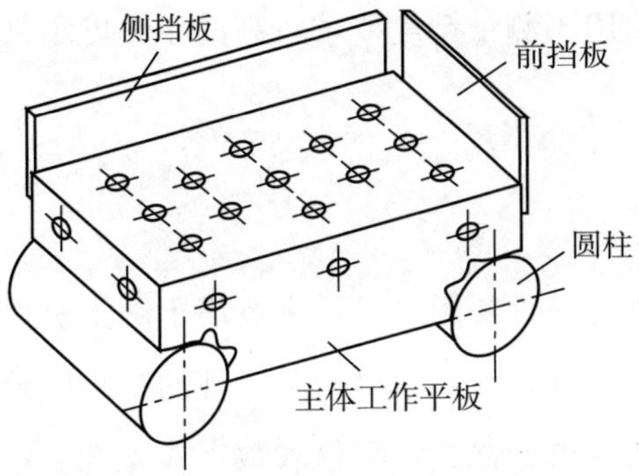

图 5—2—3　正弦规

全长的高度，调整量块尺寸，使百分表在零件全长上的读数相同。此时，就可应用直角三角形的正弦公式，算出零件的角度。如图 5—2—4 所示。

由 $H=L\times\sin2\alpha$ 得 $\sin2\alpha=\frac{H}{L}$

式中：sin——正弦函数符号

2α——圆锥的锥角（度）

H——量块的高度（mm）

L——正弦规两圆柱的中心距（mm）

例如，测量圆锥塞规的锥角时，使用的是窄型正弦规，中心距 $L=200$mm，在一个圆柱下垫入的量块高度 $H=10.06$mm 时，才会使百分表在圆锥塞规全长上的读数相等。此时圆锥塞规的锥角计算如下：

$$\sin2\alpha=\frac{H}{L}=\frac{10.06}{200}=0.0503$$

查正弦函数表 $2\alpha=2°53'$。即圆锥塞规的实际锥角为 $2°53'$。

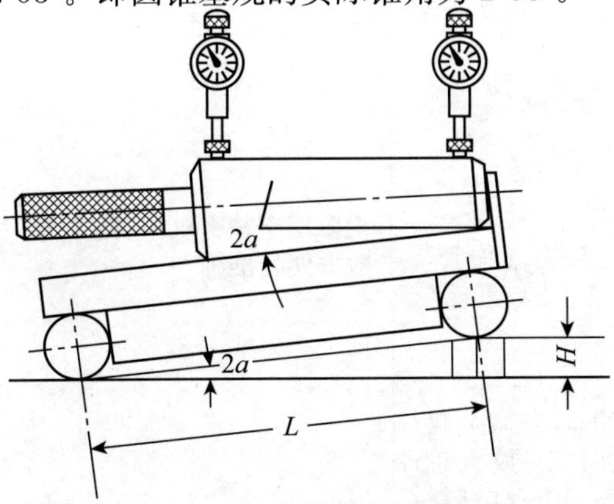

图 5—2—4　应用正弦规测量零件角度

一般来说，正弦规只适用于测量精度要求较高的小角度零件。

三、水平仪

水平仪是测量角度变化的一种常用量具，主要用于测量机件相互位置的水平位置和设备安装时的平面度、直线度和垂直度，也可测量零件的微小倾角。

常用的水平仪有条式水平仪、框式水平仪和数字式光学合象水平仪等，见表 5—2—1。

表 5—2—1　　常用水平仪

名称	用途
条式水平仪 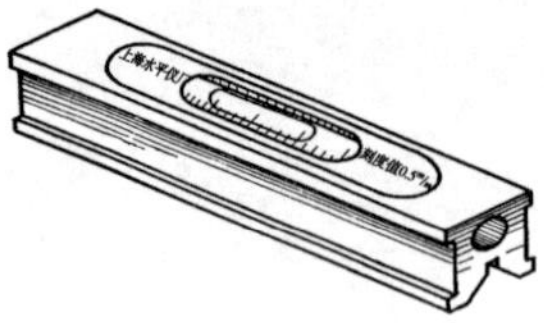	测量被测表面的水平度
框式水平仪 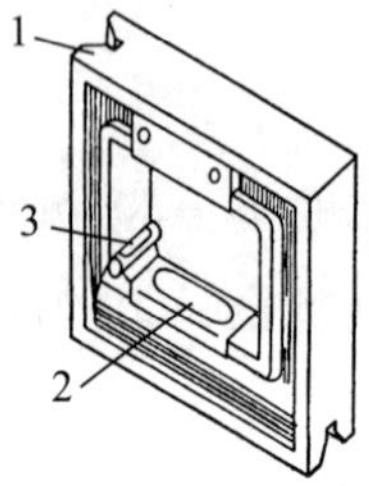 1—框架；2—主水准器；3—水准调整部件	不仅可测量工件的水平表面，还可检测工件的垂直度误差
数字式光学合像水平仪 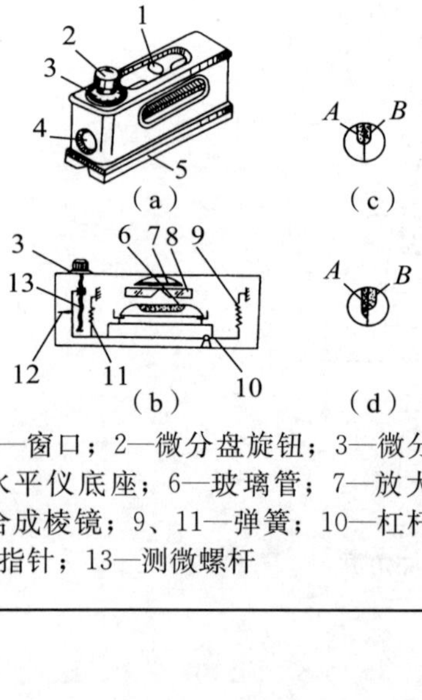 1、4—窗口；2—微分盘旋钮；3—微分盘；5—水平仪底座；6—玻璃管；7—放大镜；8—合成棱镜；9、11—弹簧；10—杠杆架；12—指针；13—测微螺杆	主要用于精密机械制造，使用范围广，测量精度高，读数方便、准确

四、直角尺

按制造精度，直角尺可分为 00、0、1 和 2 级四个等级，精度依次降低。直角尺类型如图 5—2—5 所示。

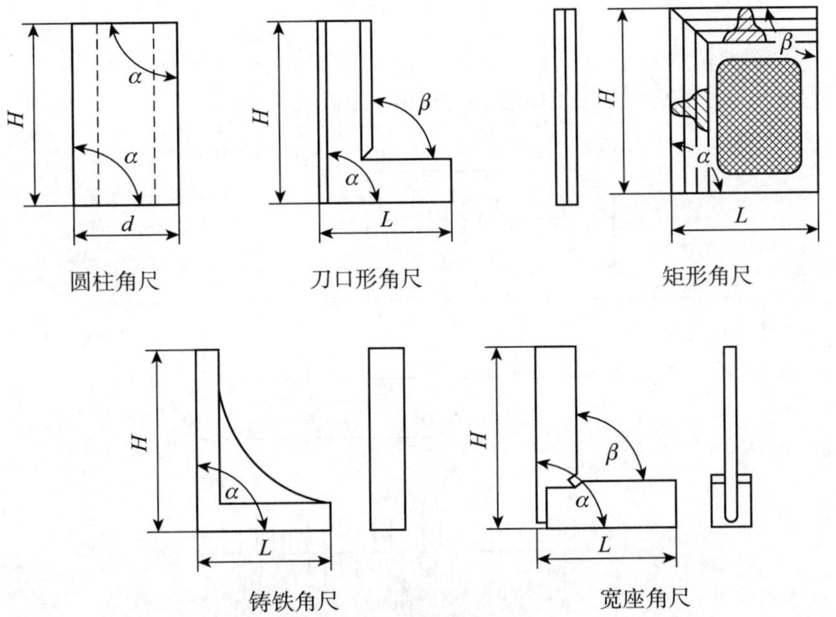

图 5—2—5　直角尺类型

直角尺主要用于检验 90°外角或内角，测量垂直度误差，检测机床仪器的精度和画线。

（1）测量前，应将直角尺工作面和被测零件表面擦净，去毛刺。

（2）测量前，将被测零件和直角尺同时置于检验平板上，使直角尺长边工作面与被测工件轻轻相靠，可用光隙法或用塞尺试塞的方法测量出被测零件的垂直度误差。

（3）在使用过程中，应避免磕碰。

（4）测量时，应注意安放直角尺时不能倾斜。

（5）使用完毕，应清洗、擦净、涂油。

【小结】

本项目主要讲述了常用的长度计量器具和角度计量器具的结构、特点、使用方法。主要包括量块、游标卡尺、外径千分尺、百分表、万能角度尺、正弦规、水平仪、直角尺的使用方法及适用范围。

【思考题】

1. 量规的使用特点是什么？

2. 说明外径千分尺的读数方法。

3. 简述百分表的结构，在使用百分表时应注意什么？

4. 如何使用正弦规？

5. 水平仪的用途有哪些？如何分类？

6. 游标卡尺读数练习：

游标卡尺（游标卡尺上有 50 个等分刻度）读数为__________cm。

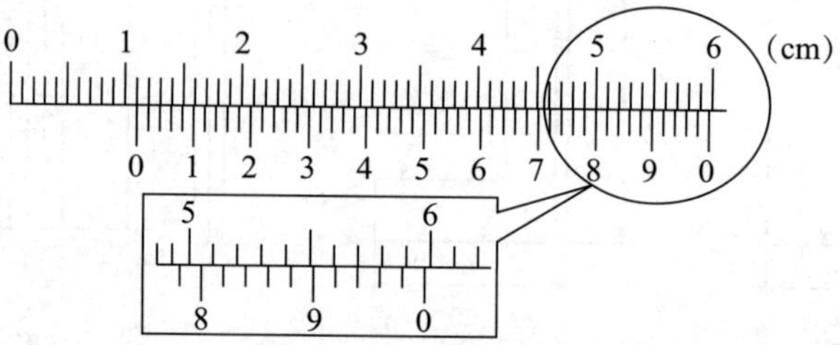

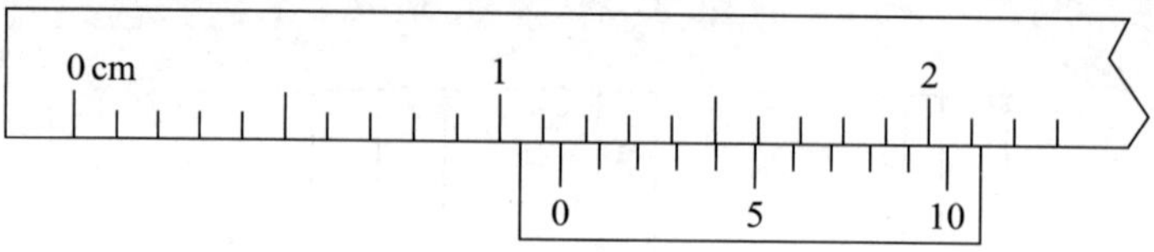

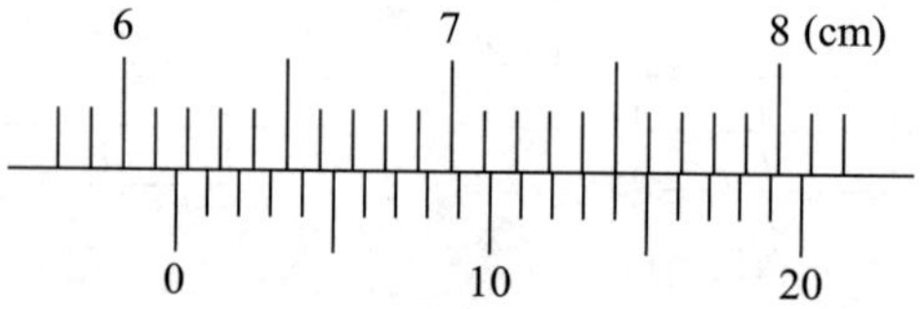

项目六　三大公差配合的测量

学习目标

1. 掌握尺寸误差的检测方法。
2. 掌握形位误差的检测方法。
3. 掌握表面粗糙度的检测方法。

任务实施

任务一　尺寸误差检测

一、尺寸误差检测的常用方法

对于单件测量，应以选择通用计量器具为主；对于成批工件的测量，应以选择专用量具、量规和仪器为主；对于大批量工件的测量，则应选用高效率的自动化专用检验器具。

由于测量结果存在误差，因此，在测量工件尺寸时，必须正确确定验收极限。为了保证产品质量，GB/T 3177—2009《产品几何技术规范（GPS）光滑工件尺寸的检验》对验收原则、验收极限和计量器具选用原则等作出了规定，以保证验收合格的尺寸在根据零件功能要求而确定的极限尺寸内。

二、尺寸误差检测计量器具的选择原则

任何测量都存在误差，在验收产品时，如果以被测工件规定的极限尺寸为验收界值，则测得的尺寸应小于最大极限尺寸，同时又大于最小极限尺寸，但在实际的测量过程中，仪器读数因受测量误差的影响而有时偏大、有时偏小。这样，一方面可能把与公差极限极为接近但超出公差界限的废品错误地判断为合格品（误收）；另一方面，也可能把与公差界限极为接近的合格品判断为废品（误废）。

例如，使用游标卡尺时应注意的情况如表 6—1—1 所示。

表 6—1—1　游标卡尺的测量范围和游标读数值　单位：mm

测量范围	游标读数值	测量范围	游标读数值
0～25	0.02；0.05；0.10	300～800	0.05；0.10
0～200	0.02；0.05；0.10	400～1 000	0.05；0.10
0～300	0.02；0.05；0.10	600～1 500	0.05；0.10
0～500	0.05；0.10	800～2 000	0.10

测量或检验零件尺寸时，要按照零件尺寸的精度要求，选用适当的量具。游标卡尺是一种中等精度的量具，它适用于中等精度尺寸的测量和检验。用游标卡尺去测量锻铸件毛坯或精度要求很高的尺寸，都是不合理的。前者容易损坏量具，后者的测量精度达不到要求。游标卡尺的示值误差见表 6—1—2。千分尺、游标卡尺的不确定度见表 6—1—3。

表 6—1—2　游标卡尺的示值误差　单位：mm

游标读数值	示值总误差
0.02	±0.02
0.05	±0.05
0.10	±0.10

表 6—1—3　千分尺、游标卡尺的不确定度　单位：mm

<table>
<tr><th rowspan="2">尺寸范围</th><th colspan="4">不确定度</th></tr>
<tr><th>分度值为 0.01mm 的外径千分尺</th><th>分度值为 0.01mm 的内径千分尺</th><th>分度值为 0.02mm 的游标卡尺</th><th>分度值为 0.05mm 的游标卡尺</th></tr>
<tr><td>>0～50</td><td>0.004</td><td rowspan="3">0.008</td><td rowspan="3">0.020</td><td rowspan="2">0.050</td></tr>
<tr><td>>50～100</td><td>0.005</td></tr>
<tr><td>>100～150</td><td>0.006</td><td>0.100</td></tr>
</table>

续前表　　单位：mm

<table>
<tr><th rowspan="2">尺寸范围</th><th colspan="4">不确定度</th></tr>
<tr><th>分度值为 0.01mm 的外径千分尺</th><th>分度值为 0.01mm 的内径千分尺</th><th>分度值为 0.02mm 的游标卡尺</th><th>分度值为 0.05mm 的游标卡尺</th></tr>
<tr><td>>150～200</td><td>0.007</td><td rowspan="3">0.013</td><td rowspan="10"></td><td rowspan="7"></td></tr>
<tr><td>>200～250</td><td>0.008</td></tr>
<tr><td>>250～300</td><td>0.009</td></tr>
<tr><td>>300～350</td><td>0.010</td><td rowspan="3">0.012</td></tr>
<tr><td>>350～400</td><td>0.011</td></tr>
<tr><td>>400～450</td><td>0.012</td></tr>
<tr><td>>450～500</td><td>0.013</td><td>0.025</td></tr>
<tr><td>>500～600</td><td></td><td rowspan="3">0.030</td><td rowspan="3">0.015</td></tr>
<tr><td>>600～700</td><td></td></tr>
<tr><td>>700～1 000</td><td></td></tr>
</table>

三、安全裕度与验收极限

当采用普通测量器具测量孔、轴尺寸时，由于测量误差的存在，被测尺寸的真值可能大于或小于其测量结果。因此，如果只根据测量结果是否超出图样给定的极限尺寸来判断其合格性，有可能会造成误收或误废。而在验收产品时，我们所采用的验收方法应只接收位于规定尺寸极限之内的工件，位于规定尺寸极限之外的工件应拒收。为此需要根据被测件的精度高低和相应的极限尺寸，确定其安全裕度（A）和验收极限。

安全裕度是测量中总不确定度的允许值（u），主要由计量器具的测量不确定度允许值（$u1$）及测量条件引起的测量不确定度允许值（$u2$）两部分组成。安全裕度值按被检验工件的公差大小来确定，一般为工件公差的 1/10。国家标准（GB/T 3177—2009）对 A 值有明确的规定，见表 6—1—4。

验收极限是检验工件尺寸时判断其合格与否的尺寸界限。确定验收极限的方式有内缩方式和不内缩方式两种。选择验收方式时应综合考虑被测尺寸的功能要求、重要程度、公差等级、测量不确定度和工艺能力等。当采用内缩方式时：

孔尺寸的验收极限：上验收极限＝最小实体尺寸（DL）－安全裕度（A）

下验收极限＝最大实体尺寸（DM）＋安全裕度（A）

轴尺寸的验收极限：上验收极限＝最大实体尺寸（*DM*）－安全裕度（*A*）

下验收极限＝最小实体尺寸（*DL*）＋安全裕度（*A*）

表 6—1—4　　安全裕度值（部分）

公差等级		6					7					8				
公称尺寸		*T*	*A*	u_1			*T*	*A*	u_1			*T*	*A*	u_1		
大于	至			Ⅰ	Ⅱ	Ⅲ			Ⅰ	Ⅱ	Ⅲ			Ⅰ	Ⅱ	Ⅲ
—	3	6	0.6	0.54	0.9	1.4	10	1.0	0.9	1.5	2.3	14	1.4	1.3	2.1	3.2
3	6	8	0.8	0.72	1.2	1.8	12	1.2	1.1	1.8	2.7	18	1.8	1.6	2.7	4.1
6	10	9	0.9	0.81	1.4	2.0	15	1.5	1.4	2.3	3.4	22	2.2	2.0	3.3	5.0
10	18	11	1.1	1.0	1.7	2.5	18	1.8	1.7	2.7	4.1	27	2.7	2.4	4.1	6.1
18	30	13	1.3	1.2	2.0	2.9	21	2.1	1.9	3.2	4.7	33	3.3	3.0	5.0	7.4
30	50	16	1.6	1.4	2.4	3.6	25	2.5	2.3	3.8	5.6	39	3.9	3.5	5.9	8.8
50	80	19	1.9	1.7	2.9	4.3	30	3.0	2.7	4.5	6.8	46	4.6	4.1	6.9	10
80	120	22	2.2	2.0	3.3	5.0	35	3.5	3.2	5.3	7.9	54	5.4	4.9	8.1	12
120	180	25	2.5	2.3	3.8	5.6	40	4.0	3.6	6.0	9.0	63	6.3	5.7	9.5	14
180	250	29	2.9	2.6	4.4	6.5	46	4.6	4.1	6.9	10	72	7.2	6.5	11	16
250	315	32	3.2	2.9	4.8	7.2	52	5.2	4.7	7.8	12	81	8.1	7.3	12	18
315	400	36	3.6	3.2	5.4	8.1	57	5.7	5.1	8.4	13	89	8.9	8.0	13	20
400	500	40	4.0	3.6	6.0	9.0	63	6.3	5.7	9.5	14	97	9.7	8.7	15	22
公差等级		9					10					11				
—	3	25	2.5	2.3	3.8	5.6	40	4.0	3.6	6.0	9.0	60	6.0	5.4	9.0	14
3	6	30	3.0	2.7	4.5	6.8	48	4.8	4.3	7.2	11	75	7.5	6.8	11	17
6	10	36	3.6	3.3	4.5	8.1	58	5.8	5.2	8.7	13	90	9.0	8.1	14	20
10	18	43	4.3	3.9	6.5	9.7	70	7.0	6.3	11	16	110	11	10	17	25
18	30	52	5.2	4.7	7.8	12	84	8.4	7.6	13	19	130	13	12	20	29
30	40	62	6.2	5.6	9.3	14	100	10	9.0	15	2.3	160	16	14	24	36
50	80	74	7.4	6.7	11	17	120	12	11	18	27	190	19	17	29	43
80	120	87	8.7	7.8	13	20	140	14	13	21	32	220	22	20	33	50
120	180	100	10	9.0	15	23	160	16	15	24	36	250	25	23	38	56
180	250	115	12	10	17	26	185	18	17	28	42	290	29	26	44	65
250	315	130	13	12	19	29	210	21	19	32	47	320	32	29	48	72
315	400	140	14	13	21	32	230	23	21	35	52	360	36	32	54	81
400	500	155	16	14	23	35	250	25	23	38	56	400	40	36	60	90

四、测量器具的选择

测量器具的选择应综合考虑以下几方面因素。

（1）测量精度：所选的测量器具的精度指标必须满足被测对象的精度要求，才能保证测量的准确度。被测对象的精度要求主要由其公差大小来体现。公差值越大，对测量的精度要求就越低；公差值越小，对测量的精度要求就越高。一般情况下，所选测量器具的测量不确定度只能占被测零件尺寸公差的1/10～1/3，精度低时取 1/10，精度高时取 1/3。

（2）测量成本：在保证测量准确度的前提下，应考虑测量器具的价格、使用寿命、检定修理时间、对操作人员技术熟练程度的要求等。一般情况下应选用价格较低、操作方便、维护保养容易、操作培训费用少的测量器具，尽量降低测量成本。

（3）被测件的结构特点及检测数量：所选测量器具的测量范围必须大于被测尺寸。对硬度低、材质软、刚性差的零件，一般选用非接触测量，如用光学投影放大、气动、光电类测量器具进行测量。当测量件数较多（大批量）时，应选用专用测量器具或自动检验装置；对于单件或少量工件的测量，可选用万能测量器具。

任务二　形位误差检测

一、形状误差的评定

形状误差评定的基本原则为最小条件（见图 6—2—1、图 6—2—2）。所谓“最小条件”，就是指被测要素对其理想要素的最大变动量为最小，并以此作为评定形状误差的依据。即用公差带形状包容被测实际要素，而且包容的区域为最小区域，此区域为最小包容

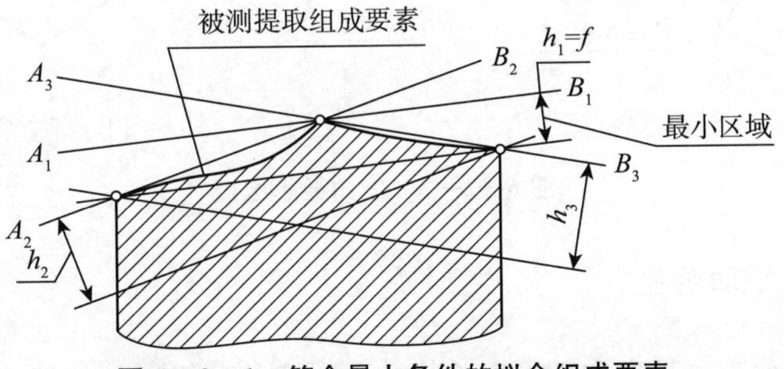

图 6—2—1　符合最小条件的拟合组成要素

区域。由于最小包容区域的宽度（对于中心要素来说，则是直径）就是形状误差的最大变动量，因此，最小包容区域的宽度或直径为形状误差值。

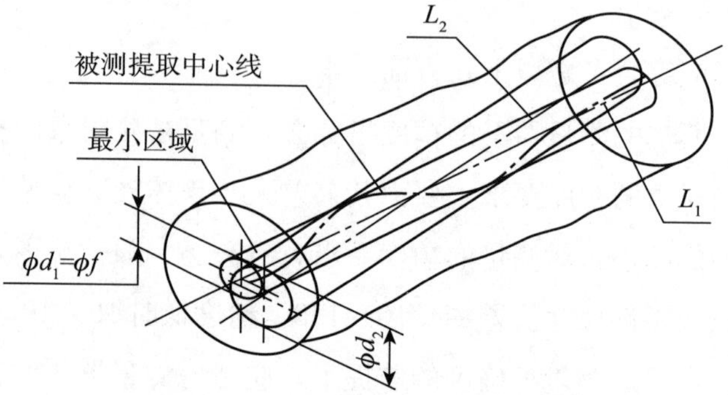

图 6—2—2　符合最小条件的拟合导出要素

二、方向、位置、跳动误差的评定

1. 方向误差

图 6—2—3（a）所示为实际被测平面对基准平面的平行度误差，理想要素首先要平行于基准平面，然后再按理想要素的方向来包容实际要素，按此形成最小包容区域，即定向最小区域，定向最小区域的宽度 f 即为被测平面对基准平面的平行度误差。

图 6—2—3（b）所示为实际被测轴线对基准平面的垂直度误差，包容实际轴线的定向最小包容区域为一圆柱体，该圆柱体的轴心线为垂直于基准平面的理想轴心线，圆柱体的直径 φf 为实际轴线对基准平面的垂直度误差。

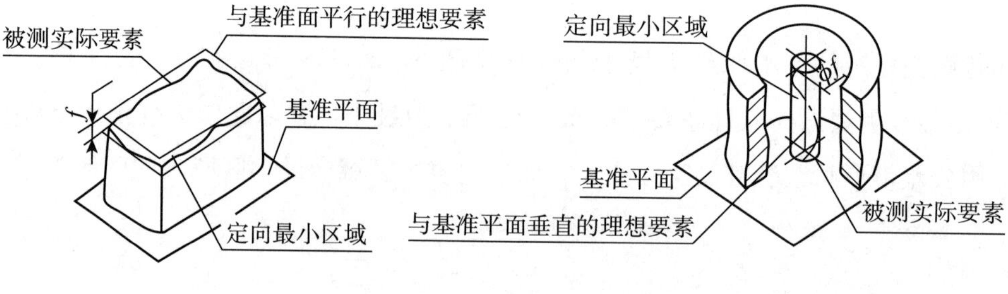

（a）平行度误差　　（b）垂直度误差

图 6—2—3　定向最小区域

2. 位置误差、跳动误差

图 6—2—4 所示为由基准和理论正确尺寸所确定的理想点的位置。在理想点已确定的

条件下，可以最小包容区域来包容实际要素。定位最小区域的直径 φf 即为该点的位置度误差。

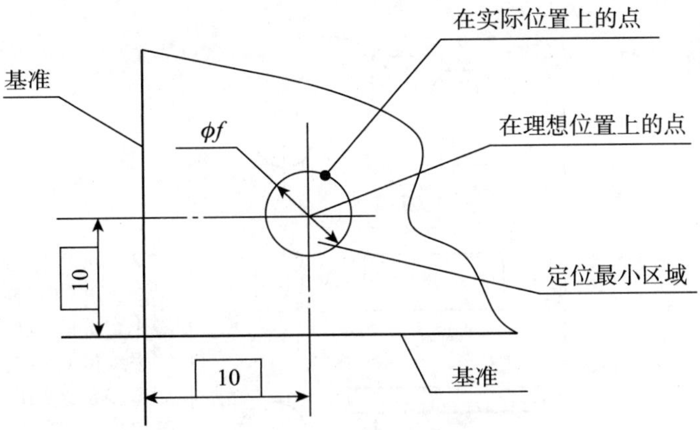

图 6—2—4 理想点的位置

三、形位误差的检测原则

（1）与拟合要素比较原则。与拟合要素比较原则是将被测实际要素与其理想要素相比较，用直接法或间接法测出其形位误差值。

（2）测量坐标值原则。测量被测要素的坐标值，并经过数据处理获得形位误差值。

（3）测量特征参数原则。测量被测实际要素上有代表性的参数，并以此来表示形位误差值。

（4）测量跳动原则。将被测实际要素绕基准轴线回转，沿给定方向测量其对某参考点或线的变动量。这一变动量就是跳动误差值。

（5）控制实效边界原则。一般用综合量规来检验被测实际要素是否超出实效边界，以判断合格与否。

四、形状误差的检测

1. 直线度误差检测

（1）素线直线度误差，使用平尺（或刀口尺）、厚薄规（塞尺）测量，如表 6—2—1 所示。

表 6—2—1　　素线直线度误差检测

检具	简图	说明
平尺、塞尺	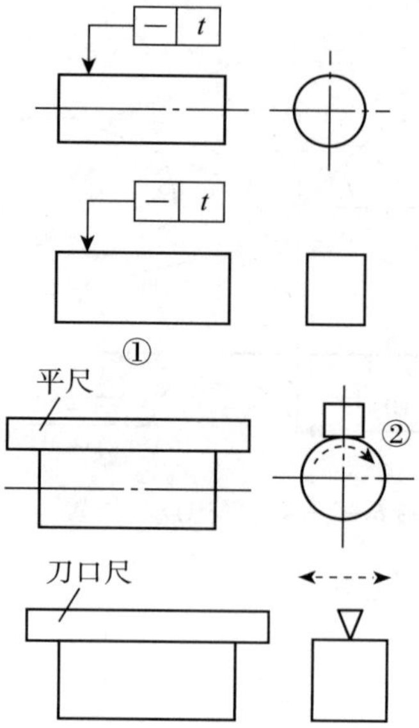	将平尺或样板直尺与被测素线直接接触，并使两者之间的最大间隙为最小，此时的最大间隙即为该条被测素线的直线度误差。 测量多条素线时，取其中最大的误差值作为被测零件的直线度误差

（2）圆柱轴线的直线度误差，使用平板、顶尖架、百分表、支架百分表或千分表测量，如表6—2—2所示。

表 6—2—2　　圆柱轴线的直线度误差检测

检具	简图	说明
平板、顶尖架、百分表、支架百分表或千分表	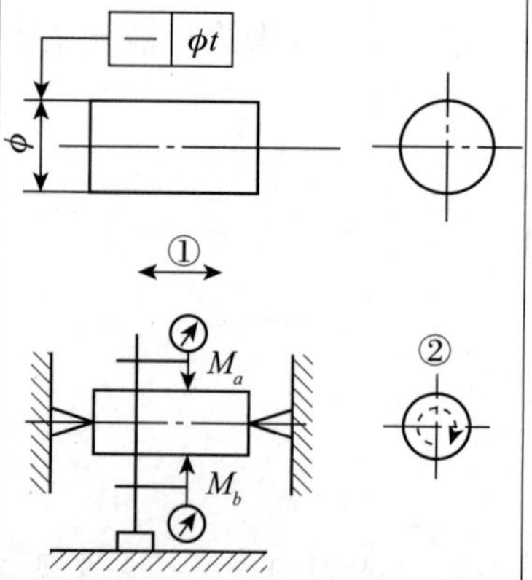	将被测零件安装在平行于平板的两顶尖之间。 如图所示，取（M_a-M_b）/2 中的最大差值作为该截面轴线的直线度误差。 按上述方法测量多条素线的若干个截面时，取其中最大的误差值作为被测零件轴线的直线度误差

2. 平面度误差检测（见表 6—2—3）

表 6—2—3　平面度误差检测

检具	简图	说明
平板、水平仪、带指示表的测量架、固定和可调支承	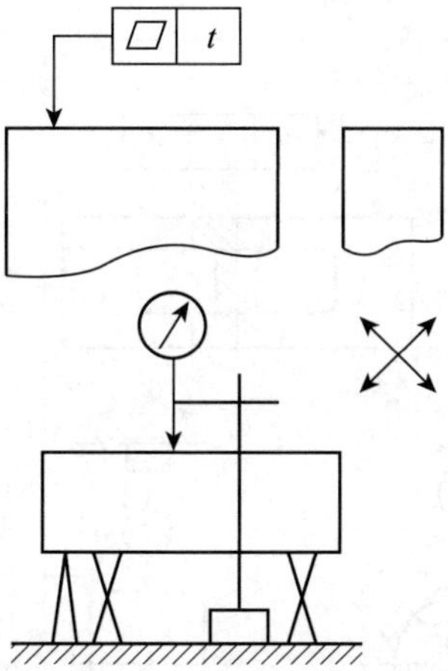	把被测表面调整到水平位置，用水平仪按一定的布点和方向逐点测量被测表面，同时记录读数，并换算成线值，然后用计算法或图解法按最小条件计算平面度误差

3. 圆度误差检测（见表 6—2—4）

表 6—2—4　圆度误差检测

检具	简图	说明
指示计、鞍式 V 形座	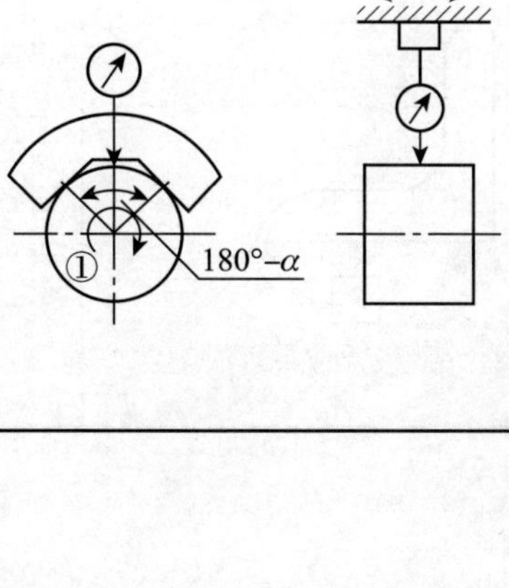	将被测零件放在 V 形座上，使其轴线垂直于测量截面，同时固定轴向位置。在被测零件回转一周的过程中，指示表读数的最大差值的一半作为所测截面的圆度误差，测量若干个，取其中最大误差值

五、方向误差的检测

1. 平面度误差检测（见表 6—2—5）

表 6—2—5　　平面度误差检测

检具	简图	说明
平板、磁性百分表支架、百分表或千分表	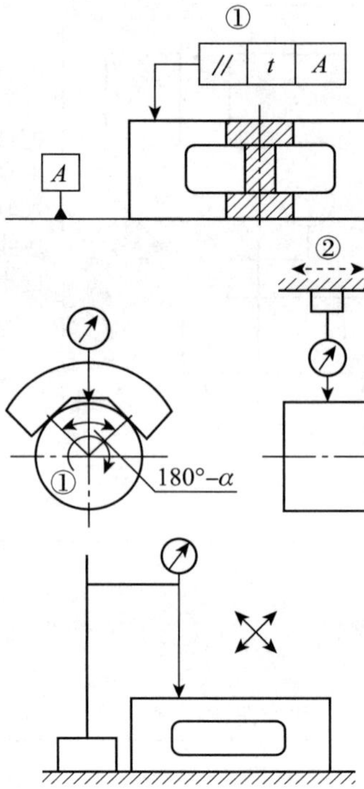	取指示表的最大与最小读数之差作为该零件的平面度误差；取各测量线上任意给定长度内指示表的最大与最小读数之差作为该零件的平面度误差

2. 垂直度误差检测（见表 6—2—6）

表 6—2—6　　垂直度误差检测

检具	简图	说明
平板、直角座、带指示表的测量架	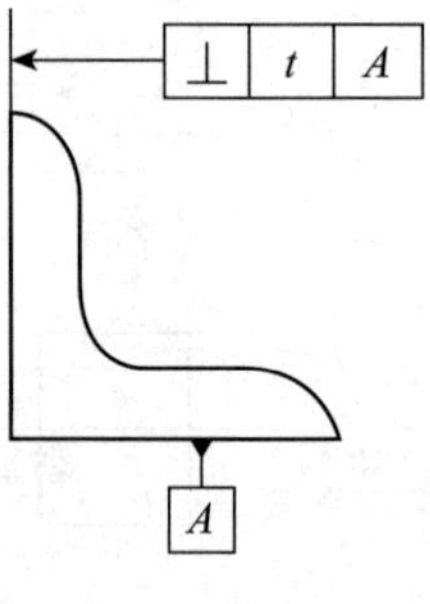	将被测零件的基准面固定在直角座上，调整被测表面的读数，将其调为最小值，取指示表在整个被测表面各点测得的最大与最小读数之差，将其作为该零件的垂直度误差

续前表

检具	简图	说明
	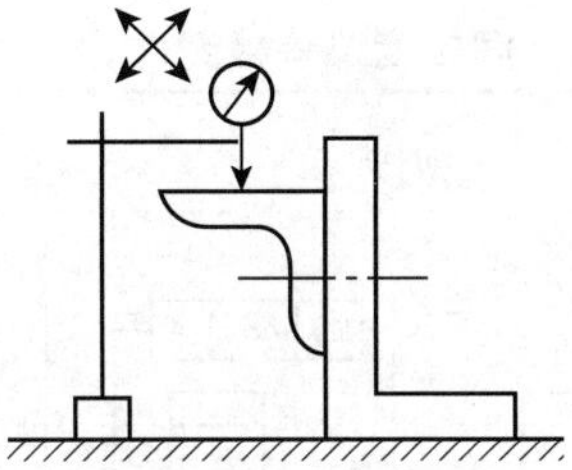	

3. 倾斜度误差检测（见表 6—2—7）

表 6—2—7　　倾斜度误差检测

检具	简图	说明
平板、直角座、定角垫块、固定支承、心轴和带指示表的测量架	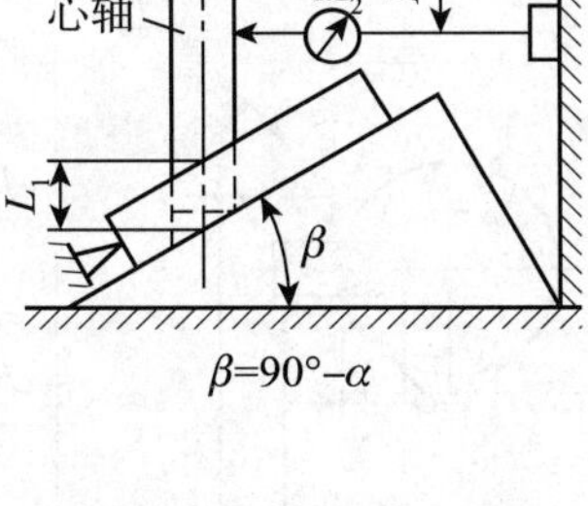 β=90°−α	将被测零件放置在定角座上，调整被测件，使整个被测表面的读数差为最小值。 取指示表的最大读数与最小读数之差，并将其作为该零件的倾斜度误差

六、位置误差检测

1. 同轴度误差检测（见表 6—2—8）

表 6—2—8　　　　**同轴度误差检测**

检具	简图	说明
平板、心轴、固定和可调支承、带指示表的测量架、综合量规	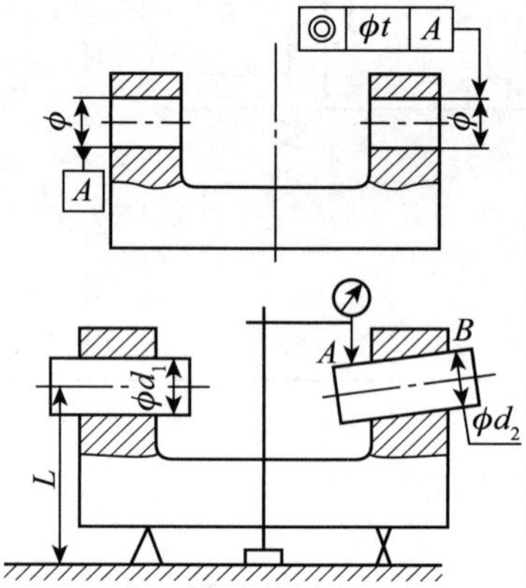	量规应通过被测零件，量规测得的直径为孔的实效尺寸

2. 对称度误差检测（见表 6—2—9）

表 6—2—9　　　　**对称度误差检测**

检具	简图	说明
平板、V 形块、定位块	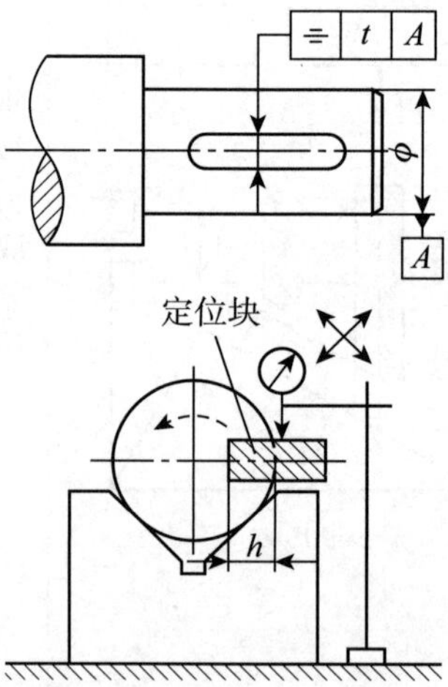	调整被测件，使定位块沿径向与平板平行，在键槽长度两端的径向截面内测量定位块至平板的距离，再将被测件翻转 180°后重复上述测量，得到两径向测量截面内的距离为 a 和 b，则该截面的对称度误差为 $f=\frac{2bh+d\ (a-b)}{d-h}$，式中，$d$ 为轴的直径，h 为槽深

3. 位置度误差检测（见表 6—2—10）

表 6—2—10　　　　**位置度误差检测**

检具	简图	说明
标准零件、测量钢球、回转定心夹头、平板、带指示表的测量架	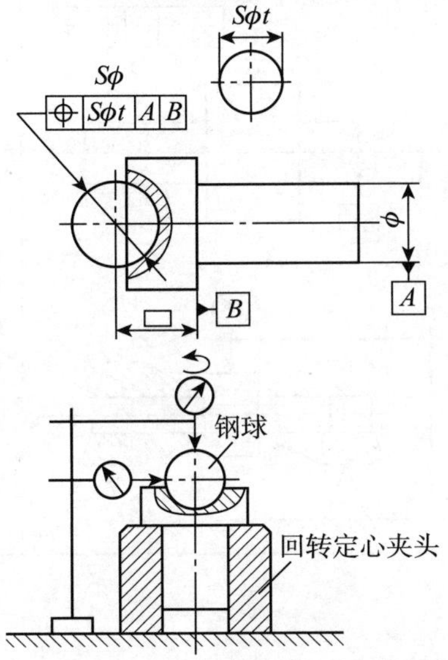	用回转定心夹头定位被测件，选择适当直径的钢球，放置在被测零件的球面内。 在被测零件回转一周的过程中，径向指示表最大示值差的一半为相对基准 A 的径向误差 f_x，相对于基准 B 的轴向误差为 f_y，则被测点位置度误差为 $f=2\sqrt{f_x^2+f_y^2}$

七、跳动误差检测

1. 圆跳动误差检测（见表 6—2—11）

表 6—2—11　　　　**圆跳动误差检测**

检具	简图	说明
一对同轴顶尖、带指示表的测量架、导向心轴	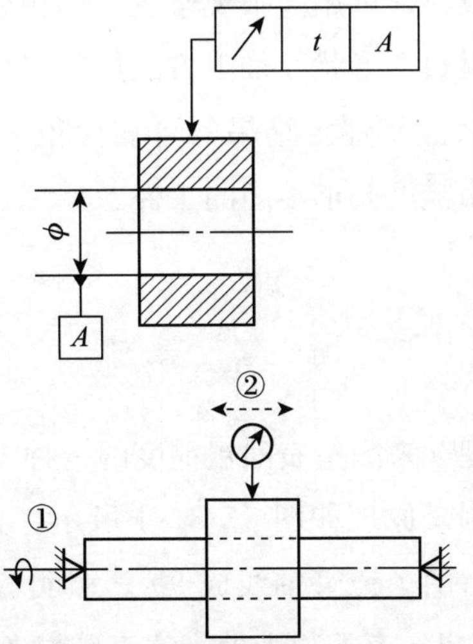	将被测零件固定在导向心轴上，同时安装在两顶尖之间。 在被测零件回转一周的过程中，指示表读数最大差值即为单个测量平面上的径向跳动。 测量若干个截面时，取最大值作为该零件的径向跳动

2. 全跳动误差检测（见表 6—2—12）

表 6—2—12　　全跳动误差检测

检具	简图	说明
平板、一对同轴导向套筒、支承、带指示表的测量架	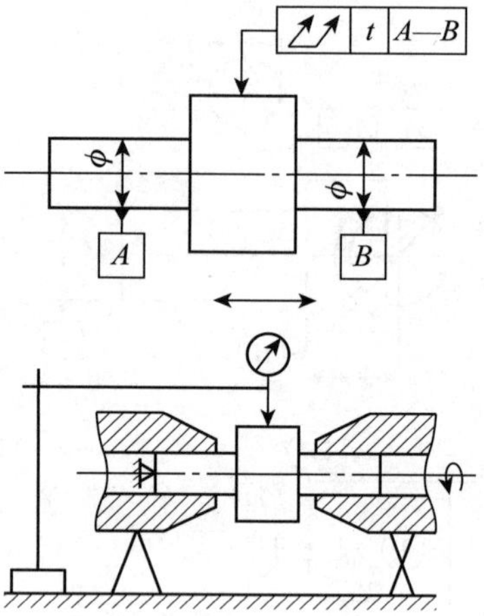	将被测零件放在两同轴导向套筒内，固定并调整套筒，使其与平板平行。在被测件连续回转的过程中，同时让指示表沿轴线方向做直线移动，指示表读数最大差值即为该零件的径向全跳动误差

任务三　表面粗糙度检测

一、比较法

比较法是指将被测表面与已知高度特征参数值的粗糙度样板相比较，从而判断被测表面粗糙度的一种检测方法。比较时，可用肉眼观察或手动触摸，也可以借助显微镜、放大镜等工具。所用粗糙度样板的材料、形状及加工方法应尽可能与被测表面一致。比较法简单易行，适用于在车间使用。缺点是评定结果的可靠性很大程度上取决于检测人员的经验。比较法仅适用于评定表面粗糙度要求不高的工件。

二、光切法

光切法是指利用“光切原理”来测量表面粗糙度的一种方法。常用的测量仪器是光切显微镜，又称双管显微镜，其测量原理如图 6—3—1 所示。光切显微镜由两个镜管组成，右为投射照明管，左为观察管。两个镜管轴线成 90°。照明管中光源 1 发出的光线经过聚光镜 2、光阑 3 及物镜 4 后，形成一束平行光带。这束平行光带以 45°的倾角投射到被测表面。光带在粗糙不平的波峰 S_1 和波谷 S_2 处产生反射。S_1 和 S_2 经观察管的物镜 4 后分别成像于分划板 5 的 S_1'和 S_2'。若被测表面微观不平度高度为 h，S_1 和 S_2 在 45°截面上的距离为h_1，S_1'和S_2'之间的距离h_1'是h_1 经物镜后的放大像。若测得 h_1，便可以求出表面微观不平度高度 h，即

$$h=h_1\cos45^0=\frac{h'}{K}\cos45^0$$

式中：K——物镜的放大倍数。

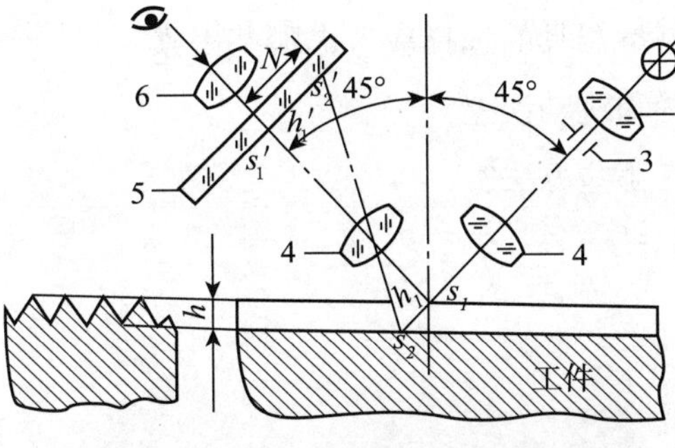

图 6—3—1　光切显微镜测量原理

1—光源；2—聚光镜；3—光阑；4—物镜；5—分划板；6—目镜

三、干涉法

干涉法是利用光学干涉原理来测量表面粗糙度的一种方法。常用仪器是干涉显微镜。干涉法主要用于测量表面粗糙度的 Ry 和 Rz 值，其测量范围通常为 0.05～0.8mm。

四、针描法

针描法是利用仪器的测针与被测表面相接触，并使测针沿被测表面轻轻滑动来测量表面粗糙度的一种方法，又称轮廓法。

五、印模法

印模法是指用塑性材料将被测表面复制下来，然后对印模表面进行测量。

常用的印模材料有川蜡、石蜡和低熔点合金等。这些材料的强度和硬度都不高，故一般不用针描法。由于印模材料不可能填满谷底，且取下印模时往往会削平印模波峰，所以测得的印模 Rz 值会略小于实际值，一般需根据试验修正。印模法适用于大尺寸零件的内

表面的测量，测量范围为0.8～330mm。

【小结】

本项目主要讲述了尺寸误差、形位误差、表面粗糙度的检测方法。尺寸误差通常采用通用量具和量规进行检验。形位误差检测原则为与拟合要素比较原则、测量坐标值原则、测量特征参数原则、测量跳动原则、控制失效边界原则。表面粗糙度的检测方法包括比较法、光切法、干涉法、针描法和印模法。

【思考题】

1. 简述安全裕度与验收极限的含义。
2. 检测尺寸误差时，测量器具的选择应考虑哪些因素？
3. 如何评定方向、位置和跳动误差？
4. 表面粗糙度的检测有哪些方法？

第三部分

常用零件的公差配合与测量

项目七 圆锥的公差配合与键连接的测量

学习目标

1. 掌握圆锥公差与圆锥配合的相关知识。
2. 掌握平键与花键的检测方法。

任务实施

任务一 圆锥公差与圆锥配合

一、圆锥公差

1. 圆锥公差的术语及定义

极限圆锥：实际圆锥允许变动的界限。分为最大、最小极限圆锥。极限圆锥与公称圆锥共轴且圆锥角相等，是直径分别为上极限直径和下极限直径的两个圆锥。在垂直圆锥轴线的任一截面上，这两个圆锥的直径差都相等。合格的实际圆锥必须在两个极限圆锥限定的区域内。

圆锥直径公差 T_D：圆锥直径的允许变动量。其数值等于允许的上极限圆锥直径与下极限圆锥直径之差：

$T_D = D_{max} - D_{min} = d_{max} - d_{min}$

圆锥直径公差带（区）：两个极限圆锥所限定的区域。如图 7—1—1 所示。

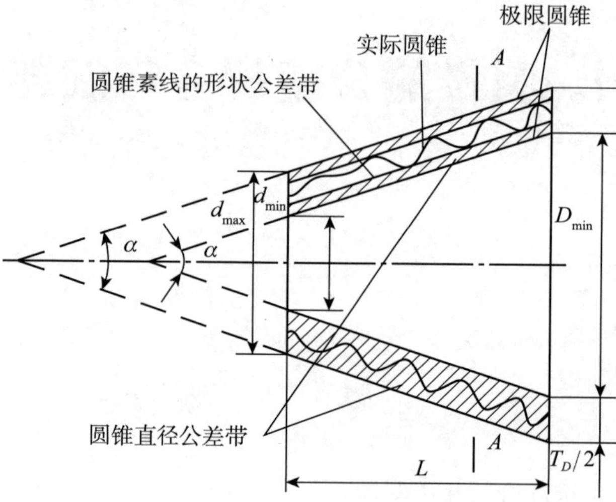

图 7—1—1　圆锥直径公差带

圆锥角公差 AT_α、AT_D：圆锥角的允许变动量。允许的最大极限圆锥角和最小极限圆锥角称为极限圆锥角，分别用 α_{max} 和 α_{min} 表示。圆锥角公差带是两个极限圆锥角所限定的区域。如图 7—1—2 所示。当圆锥角以弧度或角度为单位时，用 AT_α 表示；当圆锥角以长度为单位时，用 AT_D 表示。

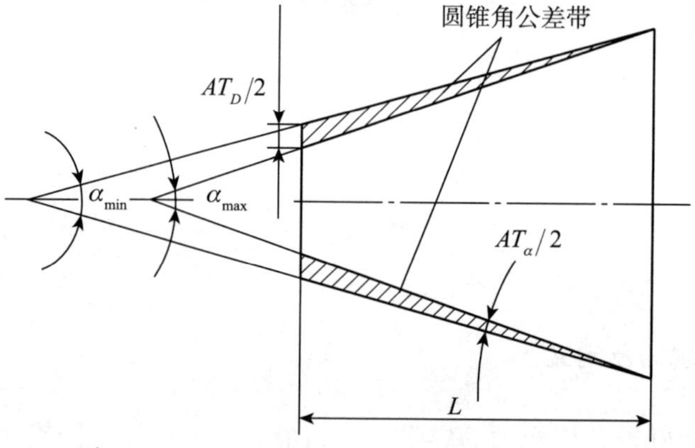

图 7—1—2　圆锥角公差带

给定截面圆锥直径公差 T_{DS}：在垂直于圆锥轴线的给定截面内，圆锥直径的允许变动量。它仅适用于该给定截面的圆锥直径。其公差带是给定的截面内两同心圆所限定的区域。如图 7—1—3 所示。

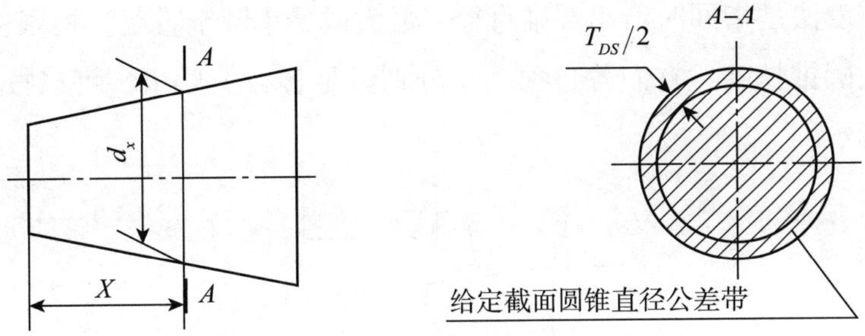

图 7—1—3　给定截面圆锥直径公差带

2. 圆锥公差的标注方法

（1）面轮廓度法是指给出圆锥的理论正确圆锥角（或锥度 C）、理论正确圆锥直径（D 或 d）和圆锥长度 L，标注面轮廓度公差。如图 7—1—4 所示。

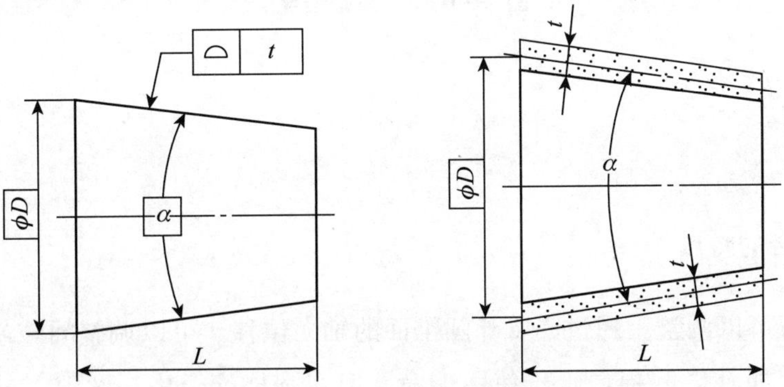

图 7—1—4　面轮廓度法

（2）基本锥度法是指给出圆锥的公称圆锥角和圆锥直径公差（T_D）。标注公称圆锥直径（D 或 d）及其极限偏差（按相对于该直径对称分布取值）。基本锥度法通常适用于有配合要求的结构型内、外圆锥。如图 7—1—5 所示。

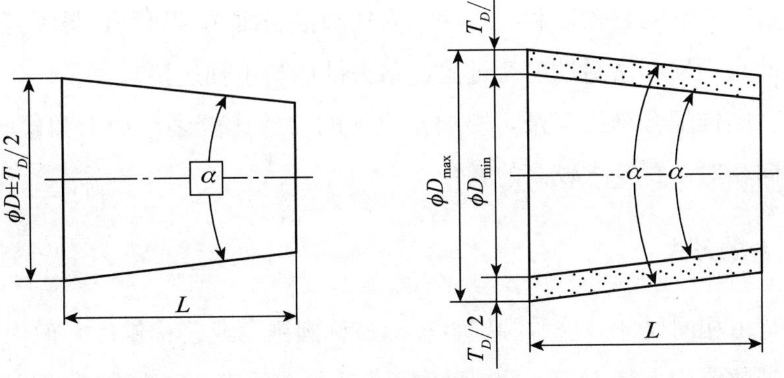

图 7—1—5　基本锥度法

（3）公差锥度法是指同时给出圆锥直径（最大或最小圆锥直径）极限偏差和圆锥角极限偏差，并标注圆锥长度，它们各自独立，分别满足各自的要求，可以按独立原则解释。如图 7—1—6 所示。

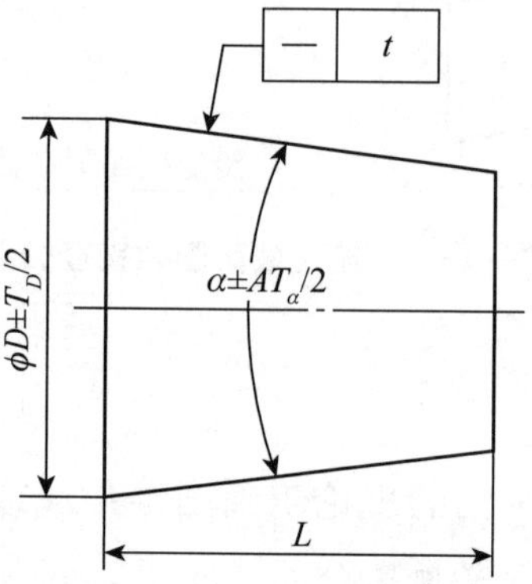

图 7—1—6　公差锥度法

二、圆锥配合

1. 圆锥配合的特点

间隙或过盈可以调整。通过内、外圆锥面的轴向位移，可以调整间隙或过盈来满足不同的工作要求，能补偿磨损，延长使用寿命。但在圆柱配合中，间隙、过盈的大小不能调整。

对中性好，即易保证配合的同轴度要求。由于间隙可以调整，因而可以消除间隙，实现内外圆锥轴线的对中（内外圆锥在轴向力的作用下自动对中，以保证内外圆锥体的轴线具有较高精度的同轴度）。容易拆卸，且经多次拆装也不会降低同轴度。在圆柱间隙配合中，孔与轴的轴线不重合。

圆锥结合具有较好的自锁性和密封性。内外圆锥表面成对研磨，虽无互换性，但配合起来具有良好的自锁性和密封性（有过盈，钻头锥柄与主轴连接）。

不足之处：圆锥配合结构复杂，影响互换性的参数比较多，加工和检验都比较困难，不适合孔轴轴向相对位置要求较高的场合。

2. 圆锥配合的形式

圆锥配合是由相同尺寸（公称圆锥直径、公称圆锥角或公称锥度）的内、外圆锥形成的配合，公差带数值按大径 D 确定，其间隙或过盈在垂直于轴线的方向上形成，与锥角大小无关。

根据内、外锥相对于轴线位置的不同，可以获得间隙、过渡或过盈配合等不同性质的配合。按内、外圆锥相对位置确定方法的不同可将圆锥配合形式分成两种：

（1）结构型圆锥配合：用适当的结构，使内、外圆锥保持固定的相对轴向位置，以圆锥直径公差区相对位置形成不同配合。如图 7—1—7、图 7—1—8 所示。

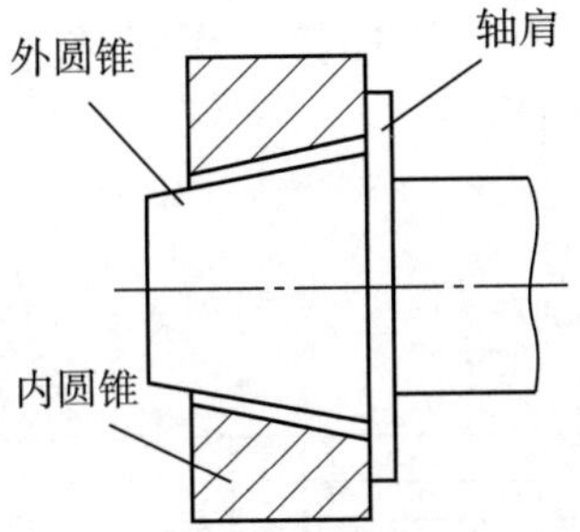

图 7—1—7　结构形成圆锥的间隙配合

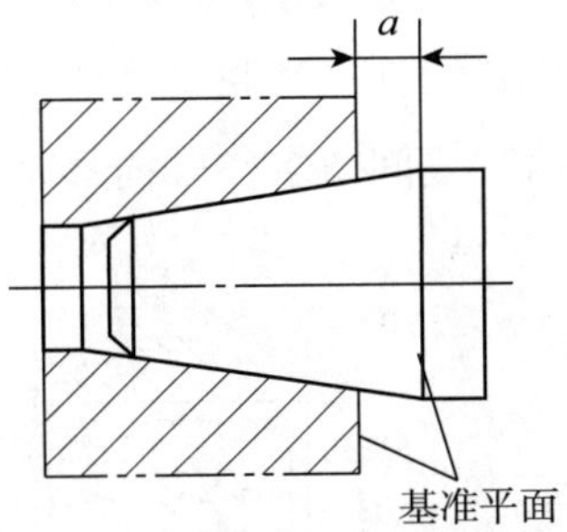

图 7—1—8　基面距形成圆锥的过盈配合

（2）位移型圆锥配合：通过调整内、外圆锥相对轴向位置获得不同配合（用于间隙或过盈配合，不用于过渡配合）。如图 7—1—9、图 7—1—10 所示。

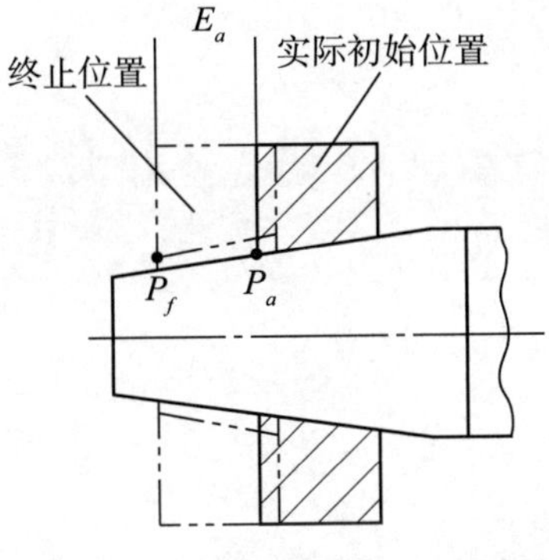

图 7—1—9　轴向位移形成圆锥的间隙配合

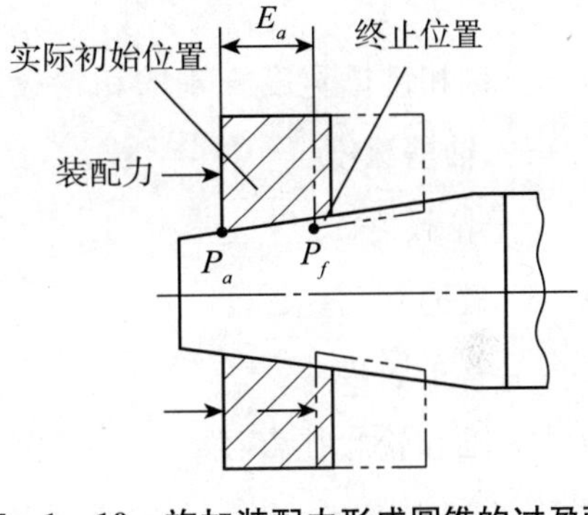

图 7—1—10　施加装配力形成圆锥的过盈配合

3. **圆锥配合的分类**

（1）过渡配合。这类配合具有良好的密封性，可以防止漏气和漏水。例如，内燃机中气阀与气阀座的配合。

（2）间隙配合。此类配合具有间隙，而且在装配和使用过程中，可借助内圆锥与外圆锥的轴向移动调整间隙的大小。如车床主轴圆锥轴颈与圆锥轴承衬套的配合。

（3）过盈配合。此种配合用于传递扭矩。例如，钻头、铰刀、铣刀的锥柄与机床主轴锥孔的配合。此类配合具有自锁性好、拆装方便等优点。

任务二　平键与花键的检测

键通常分为平键和花键两大类。普通平键键槽尺寸如图 7—2—1 所示。键连接常用于轴与轴上的传动件（齿轮、皮带轮、联轴器等）之间的可拆卸连接，用以传递转矩和运动；当配合件之间要求作轴向移动时，还可以起导向作用。

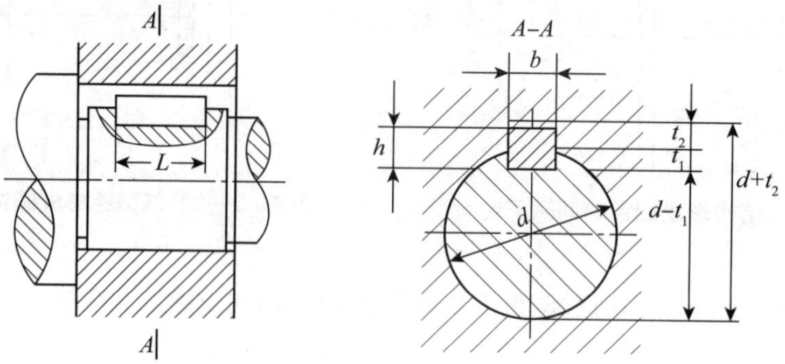

图 7—2—1　普通平键键槽尺寸

b——键和键槽宽度（轴槽和轮毂槽）

t_1——轴槽深度

t_2——轮毂槽深度

h——键的高度

L——键的长度

d——轴和轮毂孔直径

常用的键连接有平键（包括普通平键和导向平键）连接、花键连接等，其中以平键连接应用最广泛。

一、平键检测

1. 平键连接的标注（见图 7—2—2、图 7—2—3）

2. 平键检测的内容

对于平键连接，需要检测的项目有键和槽宽、轴槽和轮毂槽深以及键槽对称度。

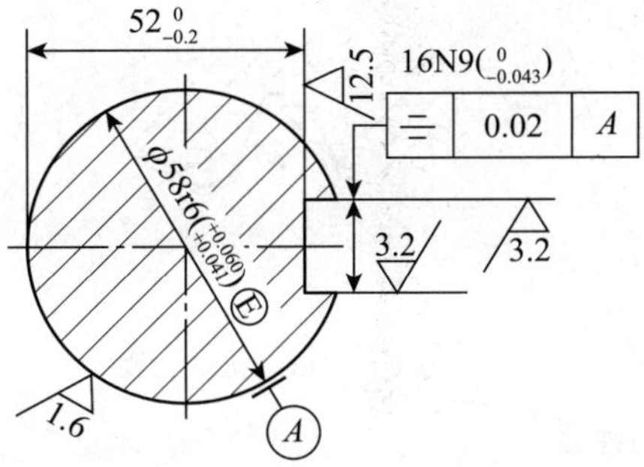

图 7—2—2　轴键槽尺寸和公差标注示例（对称度公差采用独立原则）

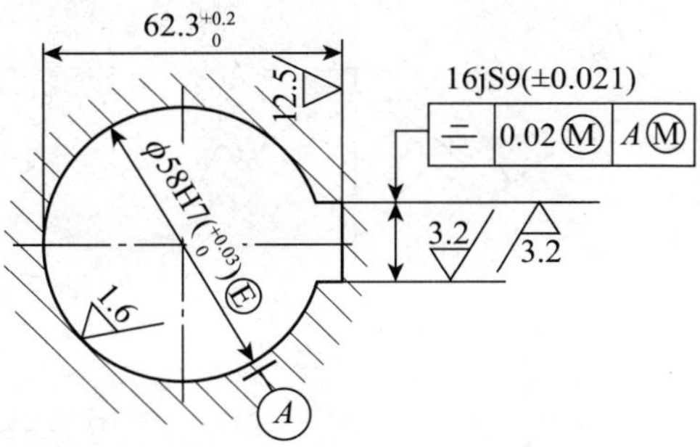

图 7—2—3　轮毂键槽尺寸和公差标注示例（对称度公差采用最大实体要求）

（1）键和槽宽：单件小批量生产，一般采用通用计量器具测量键和槽宽。如千分尺、游标卡尺等。大批量生产时，用极限量规控制。

（2）轴槽和轮毂槽深：单件小批量生产时，一般用游标卡尺或外径千分尺测量轴尺寸，用游标卡尺或内径千分尺测量轮毂尺寸。大批量生产时，用专用量规测量。

（3）键槽对称度：单件小批量生产时，可用分度头、V 形块和百分表测量，大批量生产一般用综合量规检验。

平键的检测工具如图 7—2—4、图 7—2—5 所示。

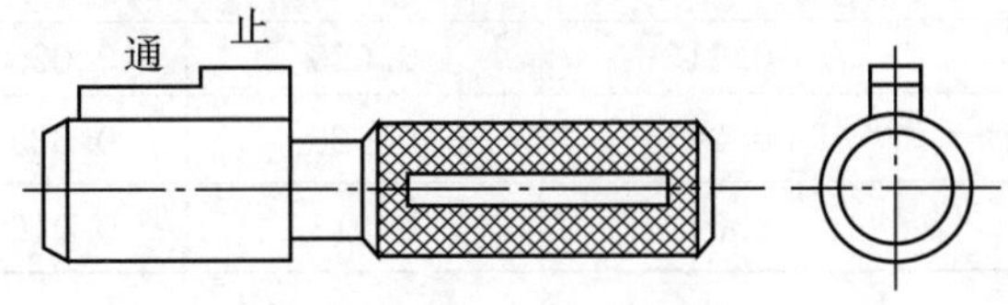

图 7—2—4　轮毂槽深量规

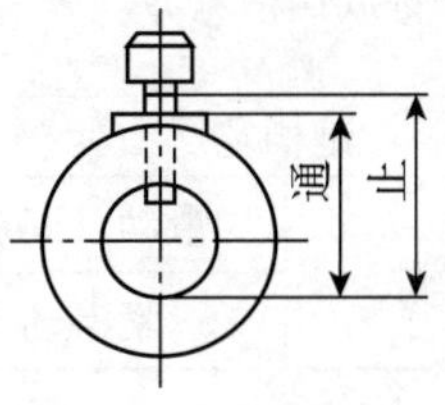

图 7—2—5　轴槽深量规

二、花键检测

花键连接可分为矩形花键连接、渐开线花键连接和三角形花键连接，其中以矩形花键连接应用最广泛。如图 7—2—6 所示。

1. 矩形花键的位置度公差标注（见图 7—2—7）

花键的位置度公差、对称度公差、表面粗糙度见表 7—2—1、表 7—2—2、表 7—2—3。

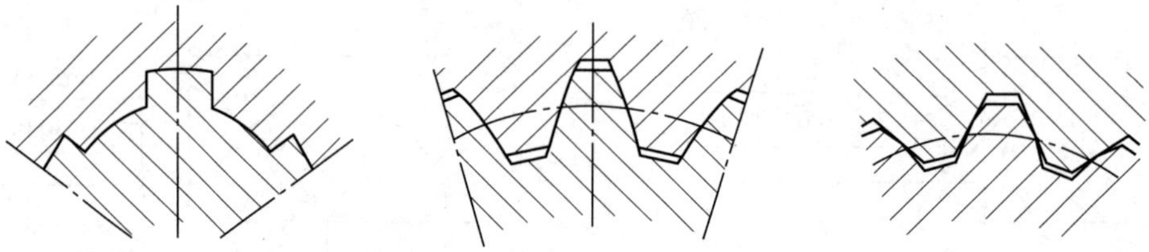

（a）矩形花键连接　　（b）渐开线花键连接　　（c）三角形花键连接

图 7—2—6　花键连接的种类

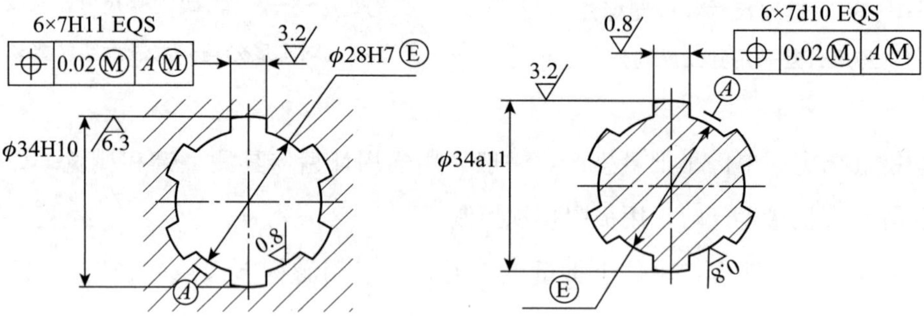

图 7—2—7　矩形花键的位置度公差标注

表 7—2—1　花键的位置度公差

键或键槽宽 B		3	3.5～6	7～10	12～18
		t_1			
键槽宽		0.010	0.015	0.020	0.025
键宽	滑动、固定	0.010	0.015	0.020	0.025
	紧滑动	0.006	0.010	0.013	0.016

表 7—2—2　花键的对称度公差

键或键槽宽 B	3	3.5～6	7～10	12～18
	t_1			
一般用	0.010	0.012	0.015	0.018
精密传动用	0.006	0.008	0.009	0.011

表 7—2—3　花键的表面粗糙度

加工表面	内花键	外花键
	粗糙度 Ra 不大于（μm）	
小径	1.6	0.8
大径	6.3	3.2
键侧	6.3	1.6

2. 矩形花键检测的内容

矩形花键的检测包括尺寸检测和形位误差检测。

单件小批量生产时，花键的尺寸和形位误差用千分尺、游标卡尺、指示表等通用计量器具分别测量，大批量生产时，可用花键塞规和花键环规测量。如图 7—2—8、图 7—2—9 所示。此外，还可用单项止端塞规或普通计量器具检测。

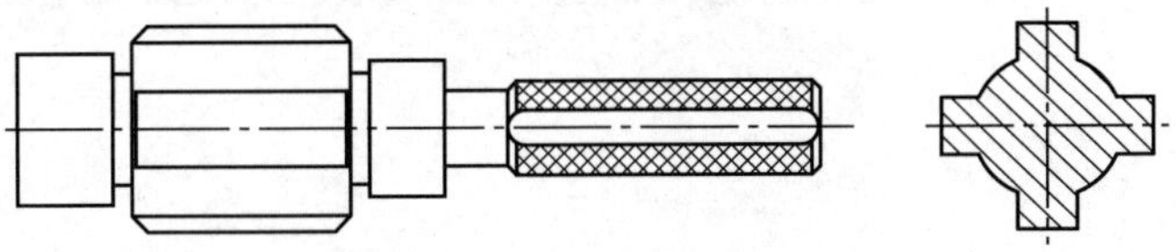

图 7—2—8　花键塞规

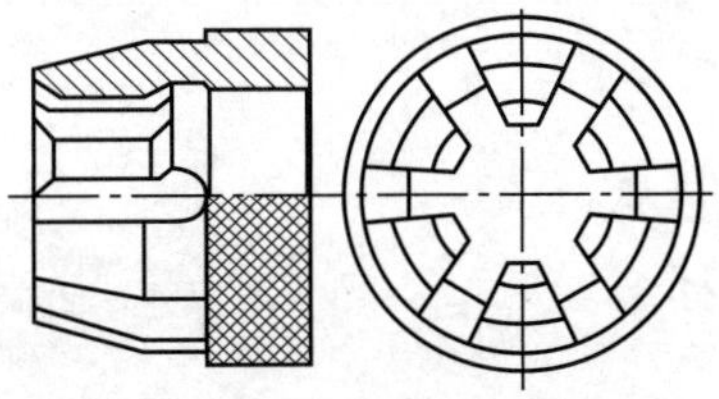

图 7—2—9　花键环规

【小结】

本项目主要讲述了圆锥公差的术语及定义、标准方法，以及圆锥配合的特点、形式和分类。在花键与平键的检测部分，主要讲述了平键和矩形花键的标注方法，给出了相关公差及表面粗糙度的推荐值，并介绍了平键与矩形花键的检测内容。

【思考题】

1. 圆锥公差与配合有哪些特点？
2. 圆锥公差的标注方法有哪几种？它们各适用于什么场合？
3. 简述花键连接的分类。
4. 简述平键和矩形花键的标注方法。

项目八　滚动轴承的公差与配合

学习目标

1. 掌握滚动轴承公差带的特点。
2. 掌握滚动轴承配合的选择。

任务实施

任务一　滚动轴承公差

一、滚动轴承概述

滚动轴承是机器上的一种标准化部件，其基本结构一般由内圈、外圈、滚动体（钢球、滚柱或滚针）和保持架（又称隔离圈）组成。滚动轴承的内径 d 和外径 D 是配合的公称尺寸，滚动轴承就是用这两个尺寸分别与轴径和外壳孔径相配合。

滚动轴承按其承受负荷方向的不同分为向心轴承（承受径向力）、向心推力轴承（同时承受径向力和轴向力）和推力轴承（承受轴向力）；按其滚动体形状的不同分为球轴承、圆柱（圆锥）滚子轴承、滚针轴承。滚动轴承由专业工厂生产，它是具有互换性的部件。滚动轴承配合尺寸（内径 d 和外径 D）的互换性，称为完全互换性；滚动轴承组成零件之间的互换性（因为采用分组装配法装配），称为不完全互换性。滚动轴承的类型部分如图 8—1—1 所示。

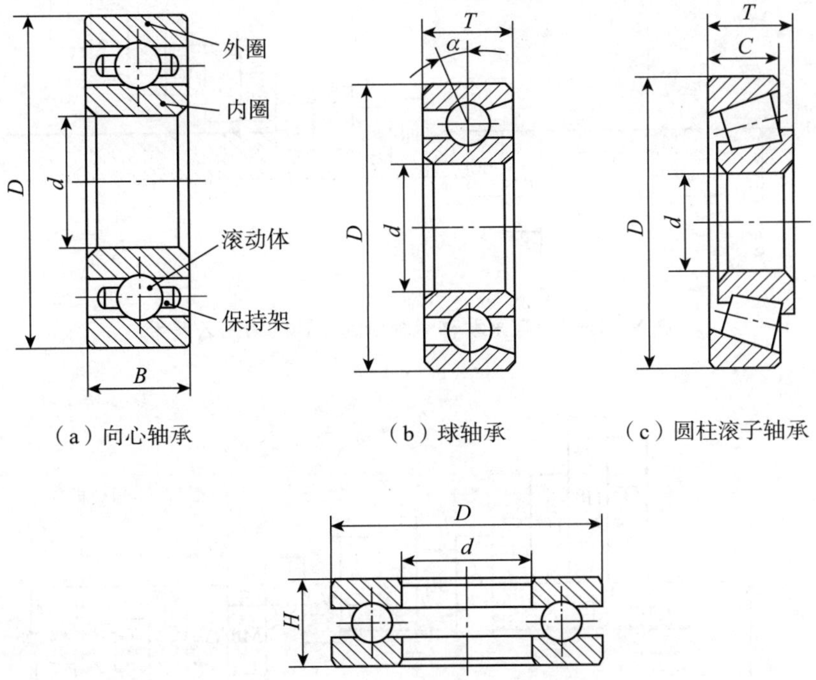

（a）向心轴承　（b）球轴承　（c）圆柱滚子轴承

（d）向心推力轴承

图 8—1—1　滚动轴承的类型（部分）

二、滚动轴承内、外径公差带的特点

滚动轴承内圈与轴配合应按基孔制，但位置与一般基准孔相反，国标规定 0、6、5、4、2 各级轴承的单一平面平均内径 d_{mp} 的公差带都分布在零线下侧，即上偏差为零，下偏差为负值。如图 8—1—2 所示。轴颈和外壳孔公差带如图 8—1—3、图 8—1—4 所示。

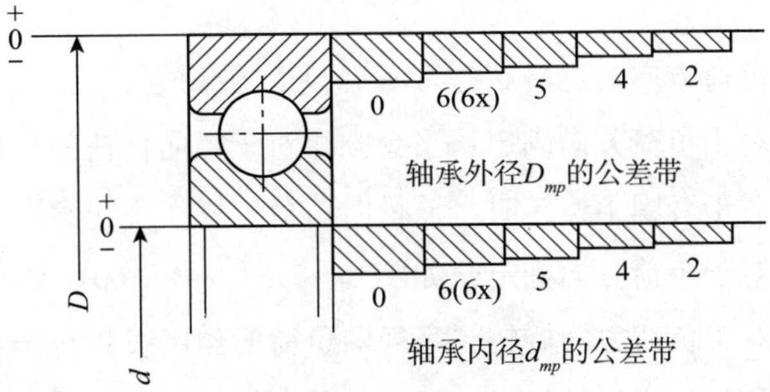

图 8—1—2　轴承内、外径公差带

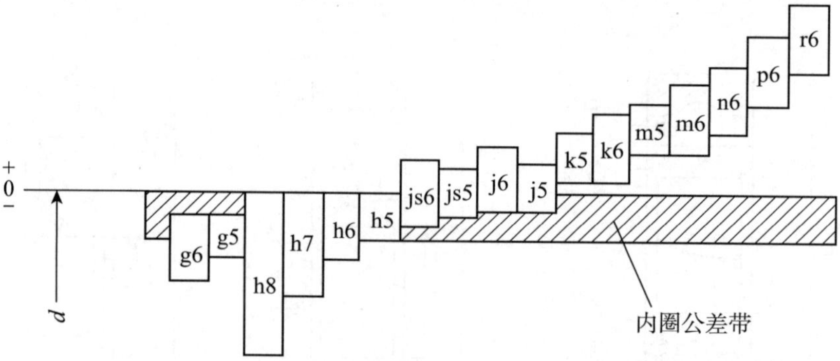

图 8—1—3　与滚动轴承配合的轴颈的常用公差带

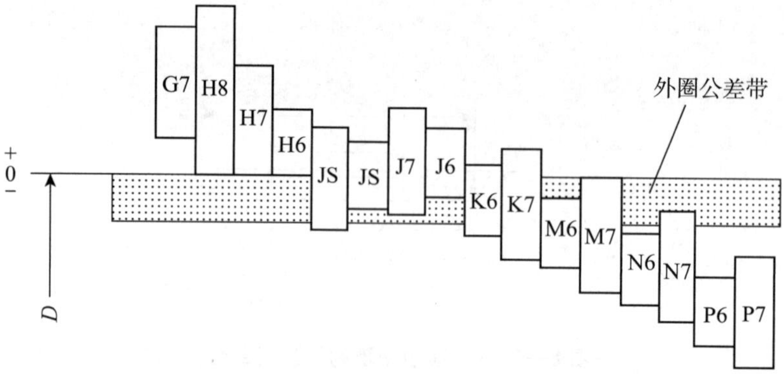

图 8—1—4　与滚动轴承配合的外壳孔的常用公差带

任务二　滚动轴承配合

一、影响滚动轴承配合的主要因素

轴承套圈相对于负荷方向的运转状态（考虑滚道的磨损）：

（1）轴承套圈相对于负荷方向固定：当套圈相对于径向负荷的作用线不旋转，或者该径向负荷的作用线相对于套圈不旋转时，该径向负荷始终作用在套圈轨道的某一局部区域上，这表示该套圈相对于负荷方向固定，如图 8—2—1（a）、（b）所示。

（2）轴承套圈相对于负荷方向旋转：当径向负荷的作用线相对于轴承套圈旋转，或者套圈相对于径向负荷的作用线旋转时，该径向负荷就依次作用在套圈整个轨道的各个部位上，这表示该套圈相对于负荷方向旋转，如图 8—2—1（c）、（d）所示。

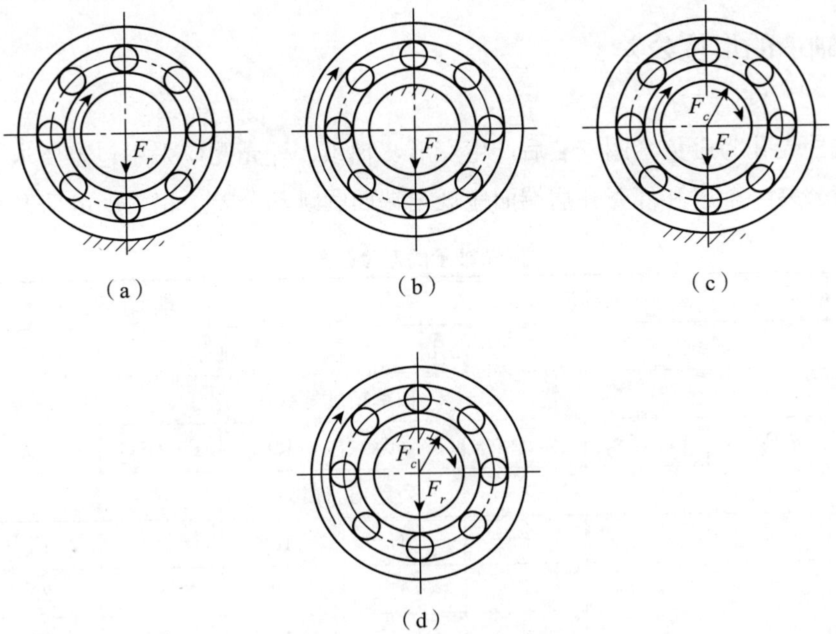

图 8—2—1　轴承套圈相对于负荷方向的运转状态

(a) 旋转的内圈负荷和固定的外圈负荷；(b) 固定的内圈负荷和旋转的外圈负荷；(c) 旋转的内圈负荷和外圈承受摆动负荷；(d) 内圈承受摆动负荷和旋转的外圈负荷

(3) 轴承套圈相对于负荷方向摆动：当大小和方向按一定规律变化的径向负荷依次往复地作用在套圈轨道的一段区域上时，表示该套圈相对于负荷方向摆动，如图 8—2—2 所示。

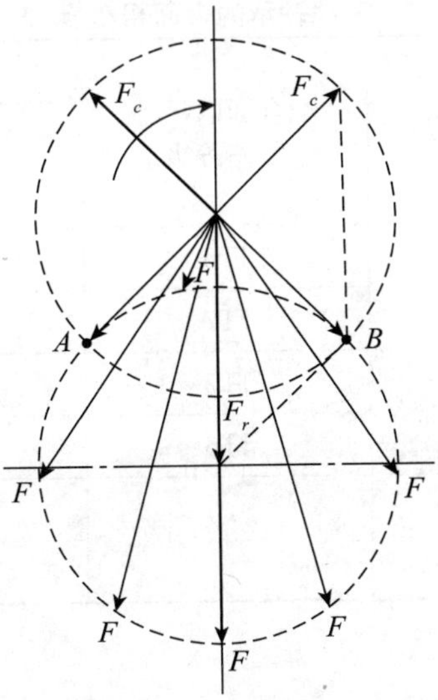

图 8—2—2　轴承套圈相对于负荷方向摆动

二、滚动轴承的形位公差

轴颈或外壳孔为避免套圈安装后产生变形，轴颈、外壳孔应采用包容要求，并规定更严的圆柱度公差。轴肩和外壳孔肩端面应规定端面圆跳动公差。相关规定见表 8—2—1。

表 8—2—1　　滚动轴承的形位公差

轴承公称内、外径（mm）（基本尺寸）	圆柱度 t				端面圆跳动 t_1			
	轴颈		外壳孔		轴肩		外壳孔肩	
	轴承精度等级							
	P0	P6（6x）	P0	P6（6x）	P0	P6（6x）	P0	P6（6x）
	公差值（μm）							
>18～30	4	2.5	6	4	10	6	15	10
>30～50	4	2.5	7	4	12	8	20	12
>50～80	5	3	8	5	15	10	25	15
>80～120	6	4	10	6	15	10	25	15
>120～180	8	5	12	8	20	12	30	20
>180～250	10	7	14	10	20	12	30	20

三、滚动轴承的表面粗糙度（见表 8—2—2）

表 8—2—2　　滚动轴承的表面粗糙度

配合表面	轴承精度等级	配合面的尺寸公差等级	轴承公称内、外径（mm）	
			80	>80～500
			表面粗糙度参数 Ra 值（μm）	
轴颈	P0	IT6	≤1	≤1.6
外壳孔		IT7	≤1.6	≤2.5
轴颈	P6（6x）	IT5	≤0.63	≤1
外壳孔		IT6	≤1	≤1.6
轴肩和外壳孔肩端面	P6	—	≤2	≤2.5
	P6（6x）		≤1.25	≤2

【小结】

本项目主要讲述了滚动轴承的类型，滚动轴承内、外径公差带特点及滚动轴承配合的选择等方面的知识，并列出了滚动轴承的形位公差和表面粗糙度的选择表。

【思考题】

1. 简述滚动轴承的分类。

2. 简述滚动轴承内、外径公差带的特点。

3. 影响滚动轴承配合的主要因素有哪些?

项目九　普通螺纹的公差与测量

学习目标

1. 了解普通螺纹的几何参数。
2. 了解螺纹公差带标注的意义。
3. 掌握普通螺纹测量的基本方法。

任务实施

任务一　普通螺纹概述

在机械制造中，螺纹连接和传动的应用有很多，占有很重要的地位。根据其用途可分为三类：普通螺纹、传动螺纹和紧密螺纹。普通螺纹通常也称紧固螺纹，主要用于连接和紧固各种机械零件，这类螺纹连接的使用要求是可旋合性（便于装配和拆换）和连接的可靠性。传动螺纹通常用于传递运动或动力，螺纹连接的使用要求是传递动力的可靠性或传递位移的准确性。紧密螺纹用于密封连接，螺纹连接的使用要求是结合紧密，不漏水、不漏气和不漏油。

一、普通螺纹的几何参数（见图 9—1—1）

（1）大径 D 或 d 是与内螺纹牙底或外螺纹牙顶相重合的假想圆柱体直径。国标标准

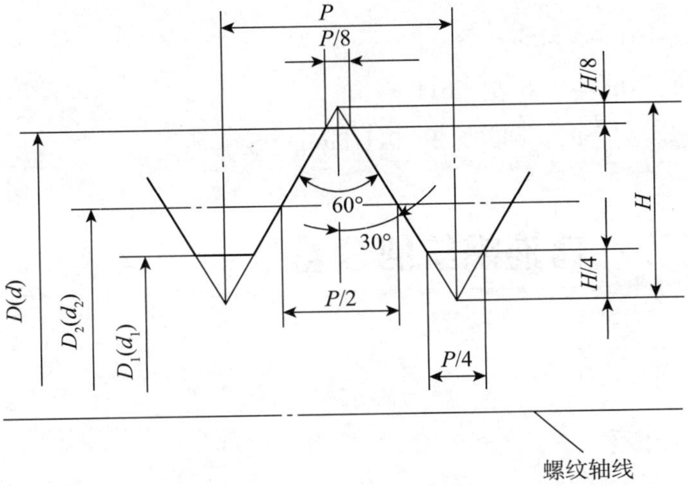

图 9—1—1　普通螺纹的几何参数

规定米制普通螺纹大径的基本尺寸为螺纹公称直径。

（2）螺距 P 为相邻两牙在中径母线上对应两点间的轴向距离。

（3）小径 D_1 或 d_1 为与内螺纹牙顶或外螺纹牙底相重合的假想圆柱体直径。

（4）中径 D_2 或 d_2 为一假想圆柱体直径，其母线在 $\frac{H}{2}$ 处，在此母线上，牙体与牙槽宽度相等。

（5）单一中径为螺纹的牙槽宽度等于基本螺距一半处所在的假想圆柱的直径。

（6）牙型角 α 为螺纹牙型上相邻两牙侧间的夹角。

（7）牙型半角 $\frac{\alpha}{2}$ 为牙型角的一半。

（8）螺纹旋合长度指两相配合螺纹沿螺纹轴线方向相互旋合部分的长度。

二、普通螺纹的标记

普通螺纹的标记由螺纹代号、螺纹公差带代号和旋合长度代号三部分组成，三个代号之间用短横线“—”分开。

螺纹代号：粗牙普通螺纹用“M”及公称直径表示，细牙普通螺纹还应加注螺距，用“×”连接。左旋螺纹应在螺纹代号后加注“左”，右旋螺纹则不标注。

螺纹公差带代号：包括中径公差带代号和顶径公差带代号。若两者代号相同，只标注一个代号。若两者代号不同，则前者为中径公差带代号，后者为顶径公差带代号。

旋合长度代号：可标注旋合长度代号，也可直接标注旋合长度数值。当采用中等旋合长度时，“N”省略不标。

举例：外螺纹：M20—5g6g—S

内螺纹：M20×1.5 左—6H

内外螺纹配合时：M20×2—6H/5g6g—S

任务二　普通螺纹的公差

一、普通螺纹的公差

根据螺纹配合的要求，可将公差等级和公差位置组合，得到多种公差带。为减少量刃具的品种，给出公差带选用原则。

精密：适用于精密螺纹，要求配合性质变动较小。

中等：适用于一般用途。

粗糙：适用于精度要求低或加工制造困难的螺纹。

内、外螺纹公差带选用标准（摘自 GB/T 197—2003）见表 9—2—1 与表 9—2—2。

表 9—2—1　　内螺纹选用公差带

公差精度	公差带位置 G			公差带位置 H		
	S	N	L	S	N	L
精密	—	—	—	4H	5H	6H
中等	(5G)	6G	(7G)	*5H	*6H☆	*7H
粗糙	—	(7G)	(8G)	—	7H	8H

表 9—2—2　　外螺纹选用公差带

精度	公差带位置 e		公差带位置 f		公差带位置 g			公差带位置 h				
	S	N	L	S	N	L	S	N	L	S	N	L
精密	—	—	—	—	—	—	—	4g	(5g4g)	(3h4h)	*4h	(5h4h)
中等	—	*5e	(7e6e)		*6f	—	(5g6g)	*6g☆	(7g6g)	(5h6h)	*6h	(7h6h)
粗糙	—	(8e)	(9e8e)	—	—	—		8g	(9g8g)	—	—	—

注：(1) 大量生产的精密紧固件螺纹，推荐采用带☆的公差带。

(2) 带 * 的公差带应优先选用，括号内公差带尽量不用。

(3) 精密配合用于精密螺纹，其配合性质稳定；一般配合采用中等配合；精度要求不高或加工较困难的螺纹采用粗糙配合。

(4) 内、外螺纹的选用公差带可随意组合，为保证有足够的接触高度，加工后的零件的最优配合为 H/g、H/h 或 G/h。公称直径小于 1.4mm 的螺纹副应采用 5H/6h 或更精密的配合。

二、内、外螺纹公差带位置（见图 9—2—1）

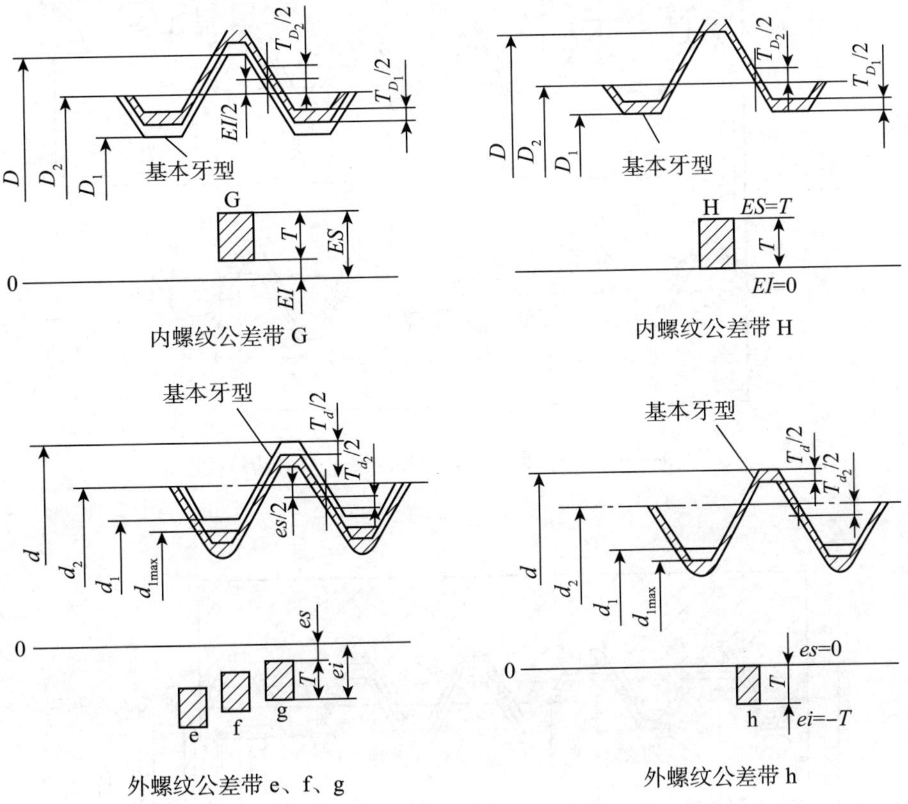

图 9—2—1　内、外螺纹公差带位置

任务三　普通螺纹的测量

用螺纹量规检验螺纹属于综合测量。在成批生产中，普通螺纹均采用综合量法。

综合测量是指根据螺纹中径合格性准则，使用螺纹量规（综合极限量规）进行测量，如图 9—3—1、图 9—3—2 所示。

螺纹量规分为“通规”和“止规”，检验时，“通规”能顺利与工件旋合，“止规”不能旋合或不完全旋合，则螺纹为合格。反之，“通规”不能旋合，则说明螺母过小，螺栓过大，螺纹应返修。当“止规”能通过工件，则表示螺母过大，螺栓过小，螺纹是废品。

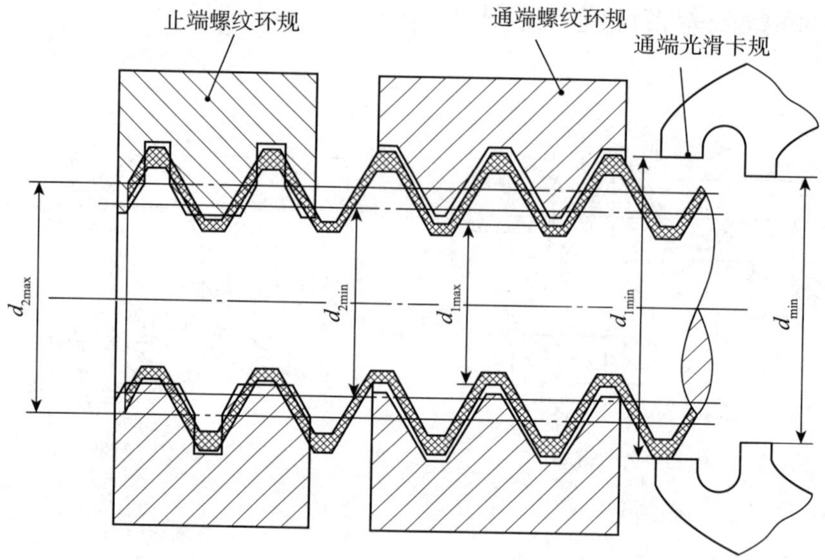

图 9—3—1 使用螺纹环规和光滑卡规检验螺栓

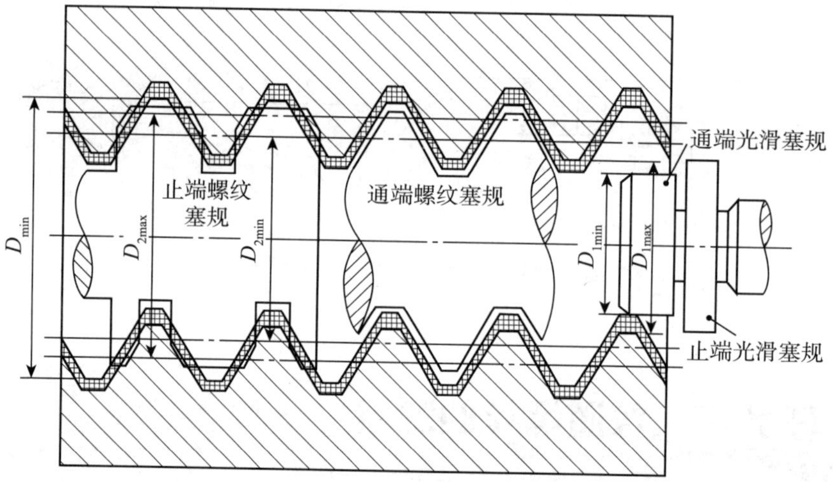

图 9—3—2 使用螺纹塞规和光滑塞规检验螺栓

对于大尺寸普通螺纹、精密螺纹和传动螺纹，除了可旋合性和连接可靠以外，还有其他精度和功能要求，生产中一般都采用单项测量。

单项测量螺纹的方法很多，最典型的是用万能工具显微镜测量螺纹的中径、螺距和牙型半角。方法如下：用工具显微镜将被测螺纹的牙型轮廓放大成像，按被测螺纹的影像，测量其螺距、牙型半角和中径，因此该法又称影像法。

【小结】

本项目主要讲述了普通螺纹的几何参数、普通螺纹的标记、普通螺纹的公差及螺纹测量的相关知识。

【思考题】

1. 简述普通螺纹的几何参数及其具体含义。
2. 简述内、外螺纹的公差带选用。
3. 简述普通螺纹的测量方法。

参考文献

[1] 徐茂功. 公差配合与技术测量. 北京：机械工业出版社，2009.
[2] 刘霞. 公差配合与测量技术. 北京：机械工业出版社，2010.
[3] 马丽霞. 极限配合与技术测量. 北京：机械工业出版社，2002.
[4] 胡荆生. 公差配合与技术测量基础. 北京：中国劳动社会保障出版社，2000.
[5] 曾秀云. 公差配合与技术测量（第 2 版）. 北京：机械工业出版社，2013.
[6] 吴宗泽. 机械零件设计手册. 北京：机械工业出版社，2009.
[7] 沈学勤. 极限配合与技术测量. 北京：高等教育出版社，2008.
[8] 杨小刚，张红. 公差配合与技术测量. 重庆：西南师范大学出版社，2010.